高等学校电子与通信工程类专业"十三五"规划教材

电子信息实验及创新实践系列教材

模拟电子电路实验与设计教程

主　编　姜玉亭

副主编　李淑明　严　俊

　　　　李晓冬　张　明

西安电子科技大学出版社

内 容 简 介

本书是模拟电子技术基础实验和操作指导书,书中还结合具体实验介绍了 Multisim 电路仿真软件及其应用方法。

本书分为三大部分:第 1 部分是模拟电子电路实验基础,主要介绍了模拟电子技术的电路调试、故障检测以及常用仪器的使用等相关知识;第 2 部分是本书的核心,讲述了模拟电子技术基础实验及仿真;第 3 部分是综合设计性实验,讲述了设计性实验的设计思路和设计方法,并给出了参考电路图。

本书可作为电子信息、通信工程、电气控制、自动化及相近专业本科生模拟电子技术实验的教材。

图书在版编目(CIP)数据

模拟电子电路实验与设计教程/姜玉亭主编.

—西安:西安电子科技大学出版社,2016.10(2020.1 重印)

ISBN 978 - 7 - 5606 - 4303 - 8

Ⅰ. ① 模…　Ⅱ. ① 姜…　Ⅲ. ① 模拟电路—实验—教材　② 模拟电路—设计—教材

Ⅳ. ① TN710 - 33

中国版本图书馆 CIP 数据核字(2016)第 238464 号

策划编辑　邵汉平
责任编辑　许青青
出版发行　西安电子科技大学出版社(西安市太白南路 2 号)
电　　话　(029)88242885　88201467　　邮　　编　710071
网　　址　www.xduph.com　　　　电子信箱　xdupfxb001@163.com
经　　销　新华书店
印刷单位　陕西天意印务有限责任公司
版　　次　2016 年 10 月第 1 版　　2020 年 1 月第 3 次印刷
开　　本　787 毫米×1092 毫米　1/16　印 张 9
字　　数　210 千字
印　　数　6001～9000 册
定　　价　20.00 元

ISBN 978 - 7 - 5606 - 4303 - 8/TN

XDUP　4595001 - 3

* * * 如有印装问题可调换 * * *

前　言

　　"模拟电子技术"是工科电类专业重要的专业基础课程，其理论性与实践性都很强，而实验是学习和掌握这门课程的必要环节。本书是根据模拟电子技术基础课程教学大纲要求编写的与理论教材配套的实验教材。本书内容丰富，旨在培养学生的动手能力、基础训练和综合应用能力以及计算机应用能力。

　　本书内容分为三大部分：第 1 部分为模拟电子电路实验基础，主要对实验的目的和意义、基本程序、调试与故障检测、常用仪器的使用以及 Multisim 10 仿真软件的基本功能和使用进行了简要介绍，以便为顺利进行实验做好准备；第 2 部分为模拟电子技术基础实验及仿真，主要是对经典模拟电路的验证以及对实验电路的仿真，另外增加了对模拟电子技术的核心部件——三极管的介绍；第 3 部分为综合设计性实验，包括 9 个设计性实验。

　　桂林电子科技大学姜玉亭担任本书主编，李淑明、严俊、李晓冬、张明担任副主编。唐甜、孟德明等为本书提出了很多宝贵意见，在此向他们表示感谢。

　　由于编者水平有限，书中不足之处在所难免，恳请读者指正。

编　者

2016 年 7 月

于桂林电子科技大学

目　录

第 1 部分

模拟电子电路实验基础

1.1　模拟电子电路实验的目的及意义

　　"模拟电子技术"是一门工程性和实践性很强的课程，实验在这一学科的研究及发展过程中起着至关重要的作用，电路实验是电路课程教学中不可缺少的实践环节。通过实验手段，可使学生获得模拟电子电路实验的基本知识和基本技能，帮助学生获得必要的感性知识，进一步巩固和掌握所学的理论知识，并运用所学理论来分析和解决实际问题。培养学生的实验操作能力和动手实践能力，提高其分析与解决实际问题的能力和实际工作能力，这对于正在进行本课程学习的学生来说是非常重要的。

　　随着社会对人才的要求越来越高，相应地对实验课的内容和形式也提出了更高的要求。本实验课程将实验教学内容分为基础验证性实验、综合设计性实验以及实验的虚拟仿真。验证性实验主要是以电子元器件的特性参数和基本单元电路为主，根据实验目的、实验电路、仪器设备和较详细的实验步骤，通过实验来验证模拟电子电路的有关理论，从而进一步巩固学生的基本知识和基本理论；综合设计性实验是根据给定的实验题目、内容和要求自行设计实验电路，选择合适的电子元器件来设计组装电路。通过这个过程，培养学生综合运用所学知识解决实际问题的独立工作能力；实验的虚拟仿真可使学生提前预习实验内容，同时促使其掌握电子电路常用仿真应用软件，从而培养学生掌握和应用模拟电子电路实验的新技术及新方法。

1.2　模拟电子电路实验的基本程序

一、实验要求

（1）实验前应认真预习，并按要求写好预习报告，以备老师检查。

（2）提前熟悉实验仪器设备的调节及使用方法。

（3）提前到达实验室，不迟到，不缺席。

（4）实验中应集中思想，严格遵守实验操作规程，出现问题时立即报告。

（5）以科学的态度对待实验数据的真实性。要认真、实事求是地记录实验数据，严禁抄袭实验数据。

（6）模拟电子电路实验要求单人单组，独立完成。实验总评成绩＝平时成绩×40％＋考试成绩×60％，考试成绩由实际操作和笔试构成。

二、实验报告的编写要求

实验报告是对实验全过程的陈述和总结。编写模拟电子技术实验报告，要求语言通顺，字迹清晰，原理简洁，数据准确，物理单位规范，图表齐全，曲线平滑，结论简洁明了。通过编写实验报告，能够找寻理论知识与客观实在的结合点，提供对理论知识的认识理解，训练撰写科技总结报告的能力，从而进一步体验实事求是、注重实践的认知规律，培养尊重科学、崇尚文明的科学理念，锻炼严谨认真、一丝不苟的工程素养。

模拟电子技术实验的内容很多，每个实验的目的、步骤也有所不同，但基本过程是类似的。为了达到实验的预期效果，要求实验者必须做好以下几方面的工作：

1. 预习报告

为了避免盲目性，使实验过程有条不紊地进行，每个实验者在实验前都要做好以下几方面的准备工作：

（1）认真阅读实验教材，明确实验目的、任务，了解实验内容，无目的的实验只能是盲目的实验，是资源的浪费。

（2）实验原理是实验的理论依据，要通过对相关理论知识的复习和公式的计算，对实验结果有一个符合逻辑的科学估算。陈述实验原理，要求概念清楚，简明扼要。对于设计性实验，还要提出多个设计方案，绘制设计原理图，经过论证选择一个合适的实验方案。从这个意义上讲，预习报告也称作设计报告。

（3）根据实验内容拟好实验步骤，认真完成所有要求的电路设计、线路连接、调试等任务；选择测试方案，掌握所有仪器的使用方法。

（4）对实验中应记录的原始数据和待观察的波形应先画好空白表和坐标，以待实验中使用。

（5）对要做的实验电路进行必要的计算机仿真分析，并回答相关的部分思考问题，有助于明确实验任务和要求，及时调整实验方案，并对实验结果做到心中有数，以便在实物实验中有的放矢，避免走弯路，提高效率，节省资源。

（6）无论是验证性实验还是设计性实验，均应按照原理图并结合实验要求，拟定测试方案和步骤，针对被测试对象选择合适的测试仪表和工具，制订最佳方案。

2. 实验报告

写报告的过程，就是对电路的设计方法和实验方法加以总结，对实验数据进行处理，对所观察的现象加以分析，并从中找出客观规律和内在联系的过程，它是一个提高的过程。因各学科的实验性质和内容有别，故报告要求也不一样，就模拟电子技术基础实验而言，实验报告一般应由以下几部分组成。

（1）实验名称。实验名称应反映该报告的性质和内容。

　　(2) 实验目的。实验目的应简明扼要地交代本次实验要掌握什么，熟悉什么，了解什么。

　　(3) 实验仪器。应列出实验仪器的名称和型号，其目的是让人了解实验仪器的精度等级和先进程度，以便对实验结果的可信度做出恰当的评价。

　　(4) 实验电路原理图。应按标准画出最后完成设计任务所要求的实验电路原理图，并标出元器件的名称及参数，特别是对实验过程中修改过的元器件及参数，要着重加以注明。若采用印制电路板装配，则应画出装配示意图。

　　(5) 实验内容及主要步骤。要交代装配时的注意事项，调试时的方法、步骤及内容等。特别是当技术指标不满足或不符合设计要求时，要分析、修正设计方案。

　　(6) 实验数据处理。应认真整理和处理实验数据，注意确定实验数据的有效数字位数，并列出表格或画出曲线(在坐标纸上)。

　　(7) 实验结果及分析。实验结果要反映所做实验的深度，是检验理论和实践结合情况的一个重要标准。

　　① 对实验结果进行理论分析，找出产生误差的原因，提出减少实验误差的措施。

　　② 详细记录组装、调试和测试过程中发生的故障及问题，进行故障分析，说明故障排除的过程及方法。

　　③ 认真写出对本次实验的心得体会和意见，以及改进实验的建议。

　　(8) 实验结论。实验结论是指在实验中获得的收获和体会。

　　实验总结报告用于概括实验的整个过程和结果，是实验工作的最后环节，也是最重要的一个环节。总结报告必须真实可靠、实事求是，不能有半点虚假。一份好的实验总结报告一定是理论与实践相结合的产物，最终能使自己乃至读该报告的人在理论知识、动手能力、创新思维上受到启迪。

　　实验报告封面应注明课程名称，实验项目名称，实验者姓名、学号，实验台号。

1.3　模拟电子电路实验的调试与故障检测

　　实践证明，即使一个电路完全按照所设计的电路参数进行安装，甚至已被前人验证是可行的电路，往往也难以实现其预期的电路功能，一个连接好的电路不可能不经调试就满足设计要求。因此，必须经过实验测试和调整，发现和纠正设计与组装中的不足，才能达到预定的设计要求。所以，对于在电子技术领域工作的人员来说，掌握电子线路的调试技术非常重要。由于构成电子电路所需的元器件参数存在离散性，线性连接存在随机性，工作环境存在多变性，因而对电子电路进行的调试就是进行一系列测试、分析、调试、再测试、再分析、再调试的工作。调试电子电路的目的就是在预定的工作条件下实现电路的技术指标。

1.3.1　电路的调试

　　现代的电子电路调试分为软件仿真和硬件实测两部分。无论是软件仿真还是硬件实测，通常都是先进行分调，后进行总调。所谓总调，是对由各单元电路构成的总体电路进行的调试，最终使之实现总体技术指标。具体的调试步骤如下所述。

一、通电前检测

1. 检查连线情况

不管是安装在万能板上还是印制板上的电路，即使连线数量不是很多，也难免发生错接、少接和多接线的情况。检查连线一般可直接对照电路安装图进行，但若电路中连线较多，则应以元器件(如运算放大器、三极管)为中心，依次检查其引脚的有关连线，这样不仅可以查出错接或少接的线，而且也较易发现多余的连线。为了确保连线的可靠，在查线的同时，还可以使用万用表电阻挡对接线作连接通断检查，而且最好直接在器件引脚处测量，这样可同时查出"虚焊"隐患。

2. 检查元器件的安装情况

重点应该检查集成运放(集成运算放大器的简称)、三极管、二极管、电解电容、电源等的引脚和极性是否接错，以及引脚间有无短接，同时还需检查元器件焊接处是否可靠。

3. 检查电源输入端与公共接地端之间有无短接

通电前，还必须用万用表检查电源输入端与公共接地端之间是否存在短接，若有，则必须进一步检查其原因。

4. 检查电源

检查直流电源、信号源、地线是否连接正确；检测直流电源、信号源的波形数据是否符合要求。

完成以上各项检查并确认无误后，才可通电调试。

二、通电检测

1. 通电观察

电路一经通电，应首先观察元器件是否烫手，电路有无冒烟、异味，被测电路的电源电压和接地点(包括集成芯片的电源、地引脚)是否正常，电源的输出电流是否过高。如果发现异常现象，应立即关断电源。待排除故障后，再重新接通电源。

2. 静态调试

静态调试是指在没有加入信号的条件下进行的调试工作，也称为直流调试或静态工作点调试。对模拟电路要求工作在线性状态，而对于数字电路则要求工作在开关状态，即要求电路各输入、输出端的直流电量参数符合设计要求。如不符合要求，应适当调整电路的直流偏置系统，必要时需调换元器件。

3. 动态调试

动态调试是指在静态调试正常的条件下加入信号所进行的调试工作。对于模拟电路应借助示波器定性观察输入、输出波形的幅值、频率、相位等是否符合要求。一旦发现与设计不符的情况，应对电路的相关部件进行调整。经调整后的电路，应重新进行静态调试。

4. 指标测试

电路经静态、动态调试正常后，可进行技术指标测试。指标测试需借助多种电子测量仪器。依据指标物理含义的不同和测试条件的不同，选用的仪器设备不同，采用的测试方法也不同。指标测试是一项严谨细致的工作，通过对测试数据的分析，能够对设计电路作出完整求实的结论。发现实验电路与设计要求存在差异时，要找出原因，及时调整，甚至修正设计方案。可见，在调试电路的整个工作中，指标测试既是过程也是结果。为了得到满意的电路、可靠的数据，经常需要进行多次重复指标测试。

在调试过程中，无论调换元器件还是更改连线，切记应当首先关断电源。要认真做好实验记录，包括实验条件、实验方案、实验现象、信号波形、测试数据等。只有通过大量如实的实验记录，才能及时完善实验电路，建立良好的工作风范，从而逐步提高分析问题和解决问题的能力。

1.3.2　电路的故障检查

如果电路丧失了基本功能，或者反映电路特征的某些额定值、性能指标的偏差超出了规定的范围，如放大器无输出或输出波形严重失真等，就可以认为电路出现了故障。

一、常见故障的来源

1. 测试仪器引起的故障

可能有的测试仪器本身就有故障，功能失常或是与电路相连的信号线损坏，使之无法测试；还有可能是操作者对仪器使用不正确而引起的故障，如示波器通道选择错误，会造成无波形输出。

2. 电路中元器件本身原因引起的故障

电阻、电容、晶体管及集成器件等特性不良或损坏等，属于电路中元器件本身原因引起的故障。这种原因引起的故障现象经常是电路有输入而无输出或输出异常。

3. 人为引起的故障

操作者将连线错接或漏接，元器件参数选错，三极管型号选错，二极管或电解电容极性接反等，都属于人为引起的故障。这类故障都有可能导致电路不能正常工作。

4. 电路接触不良引起的故障

焊接点虚焊，插接点接触不牢靠，电位器滑动端接触不良，接地不良，引线断线等，都属于电路接触不良引起的故障。这种原因引起的故障一般是间歇式或瞬时出现，或者突然停止工作。

5. 各种干扰引起的故障

所谓干扰，是指外界因素对电路有用信号产生的扰动。干扰源种类很多，如接地处理不当引入的干扰、直流电源因滤波不佳而引入的干扰、感应干扰等。

二、检查故障的基本方法

1. 直接观察法

直接观察法是指不使用任何仪器，只凭人的视觉、听觉、嗅觉以及直接碰或摸元器件作为手段来发现电路有无发烫、冒烟、焦味、打火、开路、短路等现象。直接观察法包括：观察电路的布局、布线是否合理；观察电子元件的外观有无断裂、变形、损坏，引脚有无错接、漏接、短接；观察仪器仪表的使用挡位、读数方法是否正确；通电观察电源电压、接地点和器件的静态工作点是否正常。

2. 跟踪法

查找故障发生在电路的哪一个环节、哪一条连线，最常用的方法是在被调试电路的输入端接入适当幅度与频率的信号（如 $f = 1000$ Hz 的正弦信号），利用示波器，并按信号的流向，从前级到后级逐级观察电压波形及幅值的变化情况，从而找出故障所在。这种方法对各种电路普遍适用，在动态调试电路中更应该使用。

3. 比较法

若怀疑某一电路存在问题，则可以将此电路的参数和工作状态与相同的正常电路一一进行对比，从中分析故障原因，判断故障点。

4. 替换法

当故障发生在电路比较隐蔽的地方，无法用常规的方法检查出来时，可用正常的免调试的模块电路或元件替换怀疑有问题的模块电路或元器件。如果故障排除了，说明故障出现在被替换的电路或元器件中，从而可以缩小故障范围，便于查找故障原因。

5. 补偿法

当有寄生振荡时，可用适当容量的电容器使电路各个合适部位通过电容对地短路。如果电容接到某点寄生振荡消失，则表明振荡就产生在此点附近或前级电路中。特别要注意，补偿电容要选得适当，不宜过大，通常只要能较好地消除有害信号即可。

6. 短路法

短路法就是采取临时短接一部分电路来寻找故障的方法。短路法对检查断路故障最有效。但值得注意的是，在使用此方法时，应考虑到短路对电路的影响，如对稳压电路就不能采用短路法。

7. 断路法

断路法也是一种缩小故障范围的有效方法，且对检查短路故障最有效。例如，若某稳压电源接入一带有故障的电路使输出电流过大，此时可分别断开各个供电支路，如果断开某一支路，电流恢复正常，则说明故障就发生在该支路中。

在实际调试中，检查和排除故障的方法是多种多样的，这些方法的使用可根据设备条件、故障情况灵活掌握。对于简单的故障或许用一种方法即可查找出故障点，但对于较复杂的故障则需采用多种方法，互相协调、互相配合，才能找出故障点。

1.4　电子实验常用仪器的使用

在电子技术实验中，测试与定量分析电路的静态和动态的工作状况时，最常用的电子仪器有信号发生器、示波器、直流稳定电源、数字式万用表等。

1.4.1　信号发生器

信号发生器也叫信号源，在电子实验中用来产生所需要的信号。信号发生器可产生不同波形、频率和幅度的信号，是电路实验中常用的仪器。

目前的信号源多采用直接数字合成技术信号发生器，仪器的稳定性和可靠性都比较高。数字合成信号发生器（DDS）没有振荡元件，是用数字合成方法产生一连串数据流，再经过数/模转换产生预先设定的模拟信号，即利用程序软件产生所需的信号。

下面我们以 TF6000 系列信号发生器为例介绍信号发生器的使用方法。TF6000 系列信号发生器的面板图如图 1.4.1 所示。

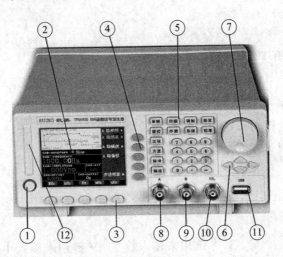

图 1.4.1　TF6000 系列信号发生器的面板图

一、面板功能键介绍

面板图上的数字分别指的是：① 电源开关，② 显示屏，③ 单位软键，④ 选项软键，⑤ 功能键、数字键，⑥ 方向键，⑦ 调节旋钮，⑧ 输出 A，⑨ 输出 B，⑩ TTL 输出，⑪ USB 接口，⑫ CF 卡槽（备用）。

二、屏幕显示说明

仪器使用 3.5 英寸（注：1 英寸≈2.54 厘米）彩色 TFT 液晶显示屏，见图 1.4.2。

图 1.4.2 中：左边上部为各种功能下的 A 路波形示意图①；右边中文显示区，上边一行为功能菜单②，下边五行为选项菜单③；左边英文显示区为参数菜单，自上至下依次为

"B 路波形"、"频率等参数"、"幅度"、"A 路衰减"、"偏移等参数"、"输出开关"④；最下边一行为输入数据的单位菜单⑤。

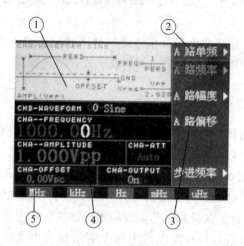

图 1.4.2　液晶显示屏

三、键盘说明

仪器前面板上共有 38 个按键，可以分为以下五类。

1. 功能键

单频、扫描、调制、猝发、键控键分别用来选择仪器的十种功能。外测键用来选择频率计数功能。系统、校准键用来进行系统设置及参数校准。正弦、方波、脉冲键用来选择 A 路波形。输出键用来开关 A 路或 B 路输出信号。

2. 选项软键

屏幕右边有五个空白键，其功能随着选项菜单的不同而变化，称为选项软键。

3. 数据输入键

0、1、2、3、4、5、6、7、8、9 键用来输入数字。·键用来输入小数点。—键用来输入负号。

4. 单位软键

屏幕下边有五个空白键，其定义随着数据的性质不同而变化，称为单位软键。数据输入之后必须按单位软键，表示数据输入结束并开始生效。

5. 方向键

<、>键用来移动光标指示位，转动旋钮时可以加减光标指示位的数字。∧、∨键用来步进增减 A 路信号的频率或幅度。

四、基本操作

下面举例说明信号发生器的基本操作方法。

1. A 路单频

按单频，选中"A 路单频"功能。A 路频率设定：设定频率值为 3.5 kHz，按选项 1 软键，选中 A 路频率，按 3、.、5 kHz。A 路频率调节：按＜或＞键可移动数据中的白色光标指示位，左右转动旋钮可使指示位的数字增大或减小，并能连续进位或借位，由此可任意粗调或细调频率。其他选项数据也都可用旋钮调节，不再重述。按选项 1 软键，选中 A 路周期，可以设定 A 路周期。A 路幅度设定：设定幅度峰峰值为 3.2 V，按选项 2 软键，选中 A 路幅度，按 3、.、2。A 路幅度设定：设定幅度有效值为 1.5 Vrms，按 1、.、5。还可以设定 A 路衰减和 A 路偏移。A 路波形选择：正弦、方波、脉冲，可以选择 A 路相应的波形。

2. B 路单频

按单频，选中 B 路单频功能。B 路频率幅度设定：B 路的频率和幅度设定与 A 路类同，只是 B 路不能进行周期设定，幅度设定只能使用峰峰值，不能使用有效值。B 路波形选择：选择三角波，按选项 3 软键，选中 B 路波形，按 2、OK。A 路谐波设定：设定 B 路频率为 A 路的三次谐波，按选项 4 软键，选中 A 路谐波，按 3、time。A、B 相差设定：设定 A、B 两路信号的相位差为 90°，按选项 4 软键，选中 AB 相差，按 9、0、°。两路波形相加：A 路和 B 路波形线性相加，由 A 路输出，按选项 5 软键，选中 AB 相加。

1.4.2　示波器

示波器是一种用来观测各种周期性变化电压波形的电子仪器，可用来测量其幅度、频率、相位等。一个示波器主要由示波管、垂直放大器、水平放大器、锯齿波发生器、衰减器等部分组成。

与传统的模拟示波器相比，数字存储示波器利用数字电路和微处理器来增强对信号的处理能力、显示能力以及模拟示波器没有的存储能力。KEYSIGHT 2000X 是一种小型、轻便式的四通道数字示波器（见图 1.4.3），下面以它为例进行介绍。

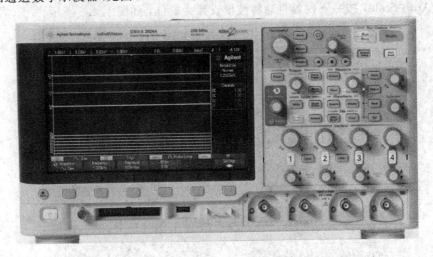

图 1.4.3　KEYSIGHT 2000X 数字示波器

一、面板各功能键介绍

1—电源开关，如图 1.4.4 所示。

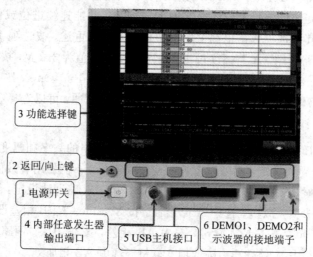

图 1.4.4　KEYSIGHT 2000X 数字示波器面板结构图一

2—Back 返回/向上键，可在软键菜单层次结构中向上移动。在层次结构顶部，返回/向上键将关闭菜单，改为显示示波器信息。

3—功能选择键，在测试过程中，需要选择不同的测试功能时，按对应位置的按键便可以进行选择。

4—内部任意发生器输出端口。

5—USB 主机接口，用来存数数据、图像，便于后期整理实验报告。

6—DEMO1、DEMO2 和示波器的接地端子。

7—Auto Scale，按一下仪器自动将波形设置为最佳，如图 1.4.5 所示。

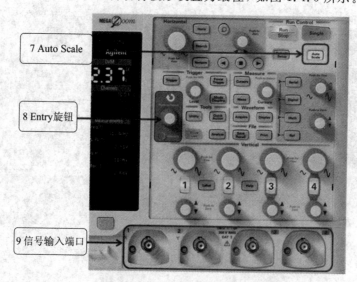

图 1.4.5　KEYSIGHT 2000X 数字示波器面板结构图二

8—Entry 旋钮,通过旋转该旋钮控制选项移动,按下表示确定选择。

9—信号输入端口,通过探头或者 BNC 电缆将信号引入。

10—水平控制区(见图 1.4.6):

① 水平缩放旋钮:旋转该旋钮可实现水平时基的缩放,按下可在粗调/细调间切换。

② 水平平移旋钮:该旋钮可实现波形水平平移,按下可以迅速将波形的偏移归零。

③ 水平键(Horiz):按下该键可打开水平设置菜单,可在其中选择 XY 和滚动模式(即常用模式,此时水平方向为时间,垂直方向为电压)。

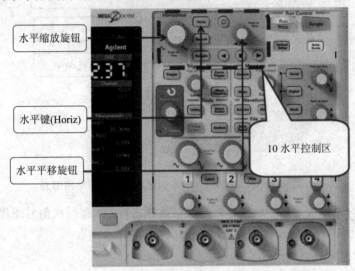

图 1.4.6 KEYSIGHT 2000X 数字示波器面板结构图三

11—垂直控制区(见图 1.4.7):

① 通道标识按键:按下亮起表示通道打开,可设置该通道的相应参数。

② 垂直分度切换旋钮:按下可以实现粗调/细调切换。

③ 垂直移动旋钮:控制波形在屏幕上上下移动。

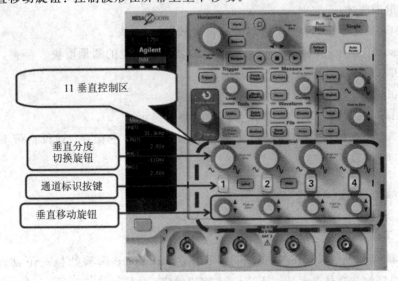

图 1.4.7 KEYSIGHT 2000X 数字示波器面板结构图四

12—Run/Stop，控制示波器运行和停止，如图 1.4.8 所示。

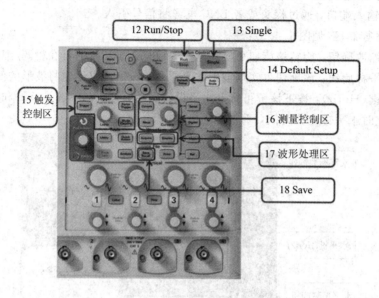

图 1.4.8　KEYSIGHT 2000X 数字示波器面板结构图五

13—Single，即单次运行，示波器满足触发条件之后，采集一次信号便停止运行。

14—Default Setup，示波器恢复出厂设置。

15—触发控制区：

① Level 旋钮：用来调节触发电平。

② Trigger：用于选择触发类型。

③ Force Trigger：示波器强行触发捕捉现有信号。

④ Mode/Coupling：用来设置触发模式、耦合方式、噪声抑制、高频抑制、释抑时间和外部探头衰减比例等。

16—测量控制区：

① Cursors：光标按键，按下可以使测量光标显示/消失。

② Measure：测量按键，按下可以调用示波器本身内置的测量模块。

17—波形处理区：

① Acquire：按下可以选择示波器的采集模式。

② Display：按下可以更改示波器余辉和网格的显示。

18—Save，保存按键，按下 Save 可进行波形或者图片的保存，建议自带 U 盘保存图形，便于后期书写实验报告。

二、示波器的基本操作步骤

1. 准备工作

按示波器面板上的 Help 按键，在屏幕下方 Language 选项处按一下功能键，通过 Entry 旋钮选择中文简体，再按一下 Entry 旋钮确定，如图 1.4.9 所示。

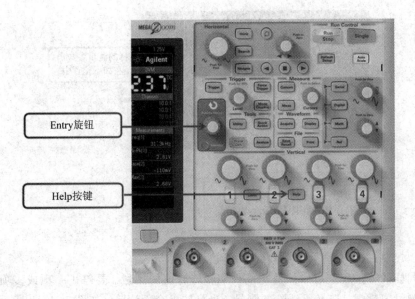

图 1.4.9　示波器语言设置

2. 调节示波器的衰减比

示波器开机时默认衰减比为 10∶1，实验中需要调节衰减比为 1∶1，如图 1.4.10 所示。

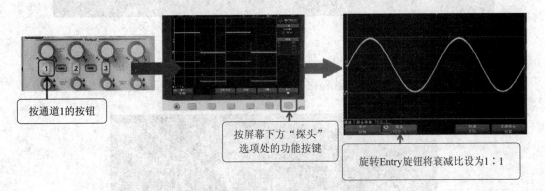

图 1.4.10　示波器衰减比设置

3. 选择通道耦合方式

按下 Back 键返回上一层菜单后，设置通道耦合方式。可选择 DC 耦合或 AC 耦合，如果是 DC 耦合，则信号的交流和直流分量都进入通道；如果是 AC 耦合，将会移除信号的 DC 分量。

4. 参数测量

在测量之前需要按下 Auto Scale 按键，示波器会自动将扫描到的信号显示在荧光屏上。示波器可自动测量，也可使用游标进行手动测量。下面介绍自动测量。

(1) 按下 Meas(测量)键以显示测量菜单。

(2) 按下类型软键，然后旋转 Entry 旋钮以选择要进行的测量，如图 1.4.11 所示。

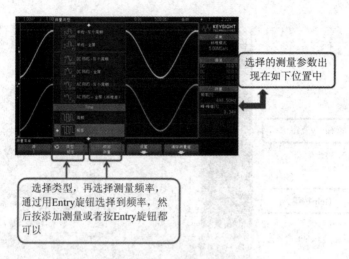

选择的测量参数出现在如下位置中

选择类型，再选择测量频率，通过用Entry旋钮选择到频率，然后按添加测量或者按Entry旋钮都可以

图 1.4.11　示波器测量类型选择

利用同样的方法我们可以快速完成周期和峰峰值的测量。要停止一项或多项测量，可按下清除测量值软键，选择要清除的测量，也可按下全部清除。如图 1.4.12 所示。清除了所有测量值后，如果再次按下 Meas(测量)键，则默认测量是频率和峰峰值。

图 1.4.12　清除测量值

(3) 全部快照功能。全部快照在类型的最上部，选择之后会把所有的量显示出来。

(4) 游标测量。按下游标 Cursors 旋钮，屏幕上显示的迹线游标如图 1.4.13 所示。

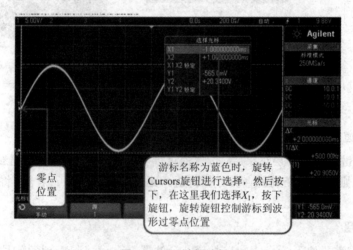

零点位置

游标名称为蓝色时，旋转Cursors旋钮进行选择，然后按下，在这里我们选择X_1，按下旋钮，旋转旋钮控制游标到波形过零点位置

图 1.4.13　游标选择

屏幕游标光标区会自动显示出 $X_2 - X_1$ 的差值，并且会对 ΔX 取倒数，自动将周期换算到频率，利用同样的方法控制游标可以测量 Y_1 与 Y_2 的差值(图中 Y_1 与 Y_2 分别处于波峰和波谷的位置，因此 Y_1 与 Y_2 的差值为峰峰值)，如图 1.4.14 所示。

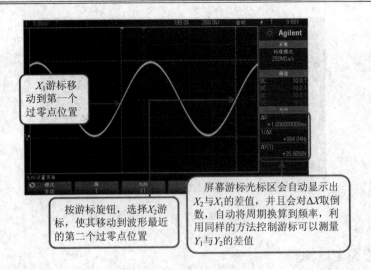

图 1.4.14 游标测量

5. 波形稳定度调节

当输入信号较小、噪声较大时，波形不容易稳定，可进行如下调节。

（1）按 Default Setup 键，示波器恢复出厂设置。

（2）按下 Acquire 键，接着按下面板上的采集键。

（3）按下采集模式软键，然后旋转 Entry 旋钮以选择平均模式，如图 1.4.15 所示。平均模式是指在所有时间/格设置下，对指定的触发数进行平均值计算，平均次数默认为 8。使用此模式可减小噪声，提高周期性信号的分辨率。

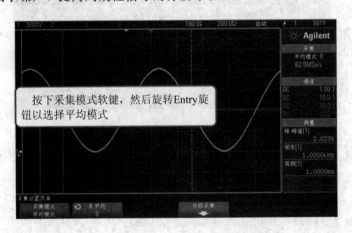

图 1.4.15 设置平均模式

（4）按下 Mode/Coupling，耦合模式按键如图 1.4.16 所示。

按噪声抑制软键，以打开噪声抑制滤波器。

按高频抑制软键，以打开高频抑制滤波器。

选择高频抑制后，由示波器的模拟触发电路处理的信号首先通过 50 kHz 低通滤波器，因此会看到消除/衰减了大部分噪声的正弦波。高频抑制滤波以及噪声抑制滤波都应打开，可以提供一种非常稳定的触发信号。

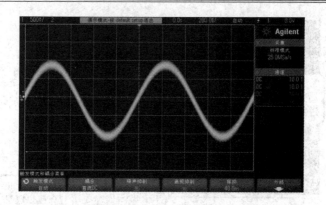

图 1.4.16　噪声抑制和高频抑制设置

1.4.3　直流稳定电源

直流稳定电源的作用是将交流电转变为稳定的直流电，下面以 SS2323 直流稳定电源为例进行说明。

图 1.4.17 所示为 SS2323 可跟踪直流稳压电源面板。

图 1.4.17　SS2323 可跟踪直流稳压电源面板

POWER 电源开关：置 ON 时，电源接通，可正常工作；置 OFF 时，电源关断。

OUTPUT 开关：打开或关闭输出。

OUTPUT 指示灯：输出状态下指示灯亮。

"＋"输出端子：每路输出的正极输出端子(红色)。

"－"输出端子：每路输出的负极输出端子(黑色)。

GND 端子：大地和电源接地端子(绿色)。

VOLTAGE 旋钮：电压调节，调整稳压输出值。

CURRENT 旋钮：电流调节，调整稳流输出值(有时调压不正常，应将电流顺时针调大)。

字符"V"上屏幕显示的数值：电压表，指示输出电压。

字符"A"上屏幕显示的数值：电流表，指示输出电流。

　　C. V. /C. C.（MASTER）指示灯：CH1 路输出状态指示灯。当 CH1 路输出处于稳压状态时，C. V. 灯（绿灯）亮；当 CH1 输出在稳流状态时，C. C. 灯（红灯）亮。

　　C. V. /C. C.（SLAVE）指示灯：当 CH2 输出在稳压状态时，C. V. 灯（绿灯）亮；当 CH2 输出在稳流状态时，C. C. 灯（红灯）亮。

　　TRACKING：两个键配合使用可选择以下三种模式：INDEP（独立）、SERIES（串联）跟踪或 PARALLEL（并联）跟踪。一般选择独立模式。

1.4.4　半导体管特性图示仪

　　晶体管特性图示仪用于测试晶体管的静态特性曲线和参数。晶体管特性图示仪不仅可以用于测试晶体管，也可以用于测试电阻、各种二极管、场效应管、晶闸管、双极管和数字集成电路（如与非门的转移特性）等。

　　图示仪的主要用途是测试晶体管。晶体管有 NPN 型和 PNP 型两种类型，其供电电源极性相反，因此图示仪中采用了多处极性转换开关。晶体管接法有共射极、共基极和共集电极三种，每一种接法都可以测量其输入特性、输出特性以及各种形式的击穿特性、反向电流等，因此总计有二十几种曲线。晶体管的常用参数有电流放大系数、输入阻抗、反向电流和击穿电压等，这些参数均可通过显示的特性曲线和开关度盘示值读出。

　　下面以 BJ - 4814 型半导体管特性图示仪为例进行说明。

一、控制面板介绍

　　BJ - 4814 型半导体管特性图示仪可根据需要测量半导体二极管、晶体管的低频直流参数，最大集电极电流可达 20 A。

　　BJ - 4814 型半导体管特性图示仪的控制面板如图 1.4.18 所示。下面分别介绍 BJ - 4814 的各个按钮的作用。

　　1—示波管（13SJ38J），用于显示半导体器件的各种特性曲线。

　　2—辉度，用于调整图像亮度。

　　3—聚焦，用于调整图像清晰度。

　　4—辅助聚焦，用于调整清晰度。

　　5—整机电源开关，按下"电源开"一端，表示电源接通；

　　6—电源指示灯，此灯亮表明仪器已接通电源。

　　7—垂直方向波段开关，指示的值代表荧光屏上垂直方向一格的电压值，单位是 V/cm、mV/cm 或 V/DIV、mV/DIV。

　　8—零点按钮，按入将显示 Y 轴零参考点。

　　9—满度按钮，按入将从零点上移 10 度（可用侧面"Y 增益"调准）。

　　10—垂直移位旋钮，顺时针时向上移；

　　11—水平方向波段开关，指示值代表光点在水平方向移动一格的时间值，单位是 ms/cm。

　　12—零点按钮，按入将显示 X 轴零参考点。

　　13—满度按钮，按入将从零点右移 10 度（可用侧面"X 增益"调准）。

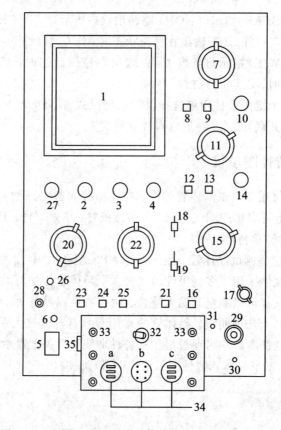

图 1.4.18　BJ-4814 型半导体管特性图示仪面板示意图

14—水平移位旋钮，顺时针旋转，屏幕中的波形将向右移。

15—阶梯幅度选择开关，选择阶梯波每阶的幅度值。

16—极性按钮，按入状态表示阶梯为负极性，弹出状态表示阶梯为正极性。

17—阶数开关，选择阶梯的阶数。

18—级/簇开关，开关处于中间位置时，阶梯信号是通路状态，被测管已接通阶梯信号进行测量；置于 $I_b=0$ 位置时，为零电流，使被测管的基极处于开路状态；置于 $U_b=0$ 位置时，为零电压，使被测半导体管的基极处于短路状态。

19—串联电阻，当阶梯幅度选择开关置于 V/度位置时，串联电阻将串联在被测半导体管的输入电路中；当阶梯幅度选择开关置于 mA/度位置时阶梯信号不通过串联电阻。

20—扫描峰值电压调节旋钮，调至零点（逆时针到底）集电极施加电压为 0，并有解除保护功能，顺时针旋转可增加集电极扫描电压值。

21—集电极扫描极性控制开关，按入状态表示扫描电压为负，弹出状态表示扫描电压为正。

22—功耗限制串联电阻选择开关，置适当挡位，以保护被测器件。

23—按入状态表示扫描电压范围为 0～20 V。

24—按入状态表示扫描电压范围为 0～200 V。

25—按入状态表示二端测试电压范围为 0～+5 kV（直流）。

26—当被测器件电流大于 Y 轴满度值的 1.05 倍左右时保护指示灯亮，扫描电源关断；

当需要再次测量时将峰值电压旋钮 16 调回零点(保护指示灯灭)后再继续测试。

27—扫描调零,用于调整扫描信号的起始点在零电位的位置。

28—容性电流微调,用于平衡(小电流挡时)接线及元件对地的杂散电容所引起的失真。

29—二端测试电压 $U_d(0 \sim +5\ kV)$ 输出端。

30—接地端。

31—二端测试电压(0 ~ +5 kV)电压接入指示,测试状态时,红色指示灯亮。

32—测试选择开关,用于转换左右两边的被测管。

33—可以配合香蕉插头连接被测半导体管。

34—被测管插座。

35—回流端插座,计量 Y 轴集电极电流时标准电流输入端。

二、一般测试步骤与要求

(1) 开启电源,预热 15 分钟后使用。

(2) 示波管部分:

① 调辉度,以适中亮度为宜。

② 调聚焦和辅助聚焦,使光点清晰。测 NPN 管时光点移至左下角,测 PNP 时光点移至右上角。

(3) 集电极扫描,将集电极扫描的全部旋钮都调到预见需要的范围。一般峰值电压范围先置于 0~20 V,峰值电压(旋钮)调至最小。

(4) Y 轴选择开关选择阶梯。

(5) X 轴选择开关选择 2 V/度(U_c)。

(6) 对于基极阶梯信号,通常先进行阶梯调零,调零后,根据需要,将极性、串联电阻、阶梯幅度选择开关调好。

(7) 阶梯幅度选择开关选择 0.02 V/级。

(8) 极性按钮选择正。

(9) 级/簇开关选择 10。

(10) 测试台部分:将测试选择开关置于中间位置,接地开关置于需用的位置,然后插上被测晶体管。在测试时再将测试选择开关拨到被测管体一侧,调峰值电压,即有曲线显示,再经过 Y 轴、X 轴、阶梯信号等部分的适当修正,即能进行测试。

三、仪器的检测和校正

1. 校准电压检测

整机预热 15 分钟后,用四位半数字电压表(DC 挡)直接检测校准电压。Y 轴测试点为:Y 轴测试选择开关第三层的主刀,测试时要将 Y 轴"满度"键按下。X 轴测试点为:X 轴测试选择开关第三层的主刀。如需要调整校准电压,可调整 X 轴或 Y 轴相对应的(校正按键印制板上)微调电位器。

2. 集电极电压检测

在校准前首先将零点-满度的偏转幅度调整好,将校准仪输出电压 U_c 送入图示仪 C、

E 端，同步调节（由低到高）图示仪、校准仪 U_c 钮及偏差表微调钮，使屏幕光点在水平方向上向左运行幅度为 10 度，此时偏差表读数（%）即为被检查电压的误差值。各开关所置挡位为：① Y 轴选择开关为"50 mA/度"；② X 轴选择开关为"0.02～20 V/度（U_c）"；③ 功耗限制电阻为"1 MΩ"；④ 峰值电压范围为"5 kV"；⑤ 峰值电压调节到"调至零点"；⑥ 测试选择开关拨至"校准仪输入"一边。

3. 基极电压检测

将校准仪输出电压 U_b 送入图示仪 B、E 端，同步调节（由低到高）图示仪、校准仪 U_b 钮及偏差表微调钮，使屏幕光点在水平方向上向左运行幅度为 10 度，此时偏差表读数（%）即为被检查电压的误差值。

4. 集电极电流检测

将校准仪输出电流 I_c 送入图示仪，即回流端（测试盒左侧插孔），同步调节图示仪、校准仪 I_c 钮及偏差表微调钮，使屏幕光点在垂直方向上向下运行幅度为 10 度，此时偏差表读数（%）即为被检查电压的误差值。各开关所置挡位为：① Y 轴选择开关为"0.001～2000 mA/度"；② X 轴选择开关为"20 V/度（U_c）"；③ 零电流、零电压开关为"零电流"；④ 功耗限制电阻为"1 MΩ"；⑤ 峰值电压范围为"5 kV"；⑥ 峰值电压调节到"调至零点"；⑦ 测试选择开关拨至"校准仪输入"一边。

5. 阶梯电压检测

将校准仪引出端送入图示仪相应的端子 E、B、C，将图示仪 U_s（阶梯电压）置于相应挡位（由低到高）逐挡测试，此时图示仪屏幕水平方向将显示出 11 个均匀亮点（10 级阶梯）。顺时针转动比较电压信号（由 0 到 10），则屏幕右端光点（阶梯第 10 级）依序向右运行，此时该光点与原点（原左端阶梯 0 极光点位置）之距离即为 U_s 的误差值（绝对值），位于原点之左为负，位于原点之右为正。该绝对数与阶梯总幅度（10 级）之比即为被检查电压的误差值。各开关所置挡位为：① Y 轴选择开关为"50 mA/度"；② X 轴选择开关为"1 V/度（U_c）"；③ 阶梯选择开关对应所测试的挡位；④ 零电流、零电压开关为"正常"；⑤ 功耗限制电阻为"1 MΩ"；⑥ 峰值电压范围为"5 kV"；⑦ 峰值电压调节到"调至零点"；⑧ 测试选择开关拨至"校准仪输入"一边。

四、应用举例

现以双极型三极管 3DG182 为例进行几项参数的测试。

1. 输出特性

将半导体管的 E、B、C 引脚插在测试盒相应的插座上，各开关所置挡位如下：

① Y 轴选择开关为"1 mA/度"；② X 轴选择开关为"2 V/度（U_c）"；③ 阶梯选择开关为"0.01 mA/级"；④ 零电流、零电压开关为"正常"；⑤ 阶梯极性为"正"；⑥ 级/簇开关为"10"；⑦ 集电极扫描极性为"正"；⑧ 功耗限制电阻为"1 kΩ"；⑨ 峰值电压范围为"0～20 V"；⑩ 调节峰值电压至零点后将测试选择开关拨到被测管一边，逐渐调高集电极扫描电压，得到如图 1.4.19 所示的曲线，根据坐标刻度所在挡位读出 I_c 值，根据阶梯选择开关得到 I_b 值。

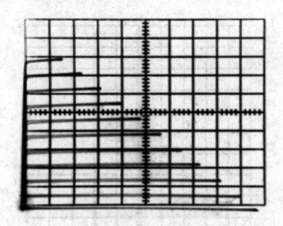

图 1.4.19　集电极输出特性曲线

2. 饱和压降

将 X 轴测试选择波段开关置 0.2 V(U_c)挡，在一定的 I_c 处可从 X 轴上直接读取。

3. 输入特性

将半导体管的引脚插在测试盒的左插座上，各开关所置挡位如下：

① Y 轴选择开关为"阶梯"；② X 轴选择开关为"0.2 V/度(U_b)"；③ 阶梯选择开关为"0.01 mA/级"；④ 零电流、零电压开关为"正常"；⑤ 阶梯极性为"正"；⑥ 级/簇开关为"10"；⑦ 集电极扫描极性为"正"；⑧ 功耗限制电阻为"100 Ω"；⑨ 峰值电压范围为"0～20 V"；⑩ 调节峰值电压至零点后将测试选择开关拨至被测管一测，逐渐调高集电极扫描电压，得到如图 1.4.20 所示的曲线，根据器件的使用情况，读出 I_b、U_b 的增量值，便可计算出输入阻抗。

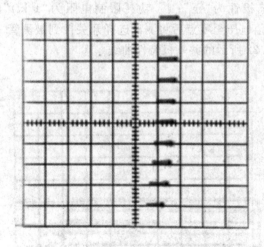

图 1.4.20　集电极输入特性曲线

4. BV_{ceo} 和 I_{ceo}

将阶梯信号部分选至 $I_b=0$ 挡，选择适当的功耗限制电阻，逐渐加大水平偏转因数(U_c)和集电极扫描电压，扫线拐点处即为 BV_{ceo}，见图 1.4.21。

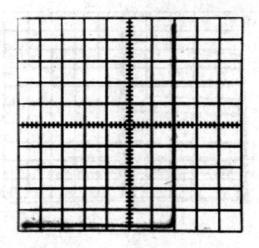

图 1.4.21　测试 BV_{ceo} 曲线

5. BV_{cer}、I_{cer} 和 BV_{ces}、I_{ces}

将所需的外接电阻接在测试盒的"B"和"E"插孔之间即可测试 BV_{cer} 和 I_{cer}。将阶梯信号部分选至"$U_b=0$"可测 BV_{ces} 和 I_{ces}，测试方法同 BV_{ceo} 和 I_{ceo} 的测试方法。

6. 共基极特性

测量共基极特性时，将被测管的引脚 E、B 位置互换插入管座。以 3DG182D 为例，各开关所置挡位如下：

① Y 轴选择开关为"1 mA/度"；② X 轴选择开关为"2 V/度(U_c)"；③ 阶梯选择开关为"0.01 mA/级"；④ 零电流、零电压开关为"正常"；⑤ 阶梯极性为"负"；⑥ 级/簇开关为"10"；⑦ 集电极扫描极性为"正"；⑧ 功耗限制电阻为"1 kΩ"；⑨ 峰值电压范围为"0～20 V"；⑩ 调节峰值电压至零点后将测试选择开关拨到被测管一边，调整"峰值电压"旋钮便可得到如图 1.4.22 所示的共基极特性曲线。

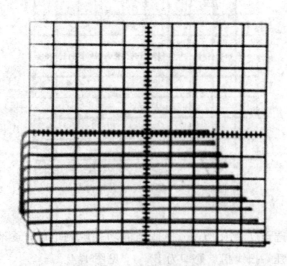

图 1.4.22　共基极特性曲线

7. 二极管及稳压二极管的正反相测试

二极管及稳压二极管的正反相测试同 BV_{ceo}，只是二极管的两极相应插在 C、E 两插孔。

1.5　Multisim 10 仿真软件的使用

Multisim 是美国 NI 公司推出的电子电路仿真软件。Multisim 提供了全面集成化的设计环境，可完成从原理图设计输入、电路仿真分析到电路功能测试等工作。Multisim 软件在 LabVIEW 虚拟仪器、单片机仿真等技术方面都有更多的创新和提高。

1.5.1　Multisim 10 基本操作

Multisim 10 基本界面包括菜单栏、工具栏、元器件栏、仪器仪表栏、电路工作区等几大部分，如图 1.5.1 所示。

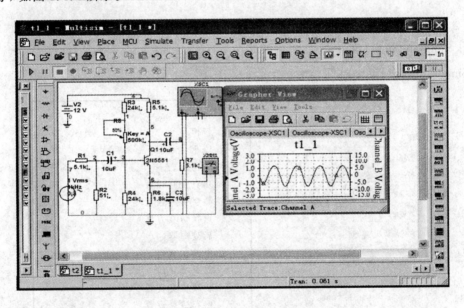

图 1.5.1　Multisim 10 基本界面

一、Multisim 10 菜单栏

Multisim 10 菜单栏包括了该软件的所有操作命令，从左至右为：File(文件)、Edit(编辑)、View(视图)、Place(放置)、MCU、Simulate(仿真)、Transfer(文件输出)、Tools(工具)、Reports(报告)、Options(选项)、Window(窗口)和 Help(帮助)。

1. Place(放置)菜单

Place(放置)菜单如图 1.5.2 所示。

图 1.5.2　Multisim 10 放置菜单

2. Simulate（仿真）菜单

Simulate（仿真）菜单如图 1.5.3 所示。

图 1.5.3　Multisim 10 仿真菜单

3. Tools（工具）菜单

Tools（工具）菜单如图 1.5.4 所示。

图 1.5.4　Multisim 10 仿真菜单

4. Options(选项)菜单

Options(选项)菜单如图 1.5.5 所示。

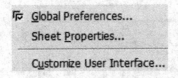

图 1.5.5　Multisim 10 选项菜单

二、Multisim10 元器件栏

元器件栏是一个浮动窗口(见图 1.5.6),用鼠标右击该工具栏就可以选择不同工具栏,或者用鼠标左键选中工具栏不要放,便可以随意拖动。

图 1.5.6　元器件栏

元器件栏包括:电源、电阻、二极管、三极管、集成电路、TTL 集成电路、CMOS 集成电路、数字器件、混合器件库、指示器件库、其他器件库、电机类器件库、射频器件库、导

线、总线等。

三、Multisim 仪器仪表栏

Multisim10 提供了 21 种虚拟仪器，这些虚拟仪器与现实中所使用的仪器一样，可以直接通过仪器观察电路的运行状态。同时，虚拟仪器还充分利用了计算机处理数据速度快的优点，对测量的数据进行加工处理，并产生相应的结果。Multisim10 仪器库中的虚拟仪器如图 1.5.7 所示，从左至右分别是：数字万用表（Multimeter）、失真分析仪（Distortion Analyzer）、函数发生器（Function Generator）、功率表（Wattmeter）、双踪示波器（Oscilloscope）、频率计（Frequency Counter）等。

图 1.5.7　仪器库

使用虚拟仪器时只需在仪器栏单击选用仪器图标，按要求将其接至电路测试点，然后双击该图标，就可以打开仪器面板进行设置和测试。

1. 数字万用表

Multisim 提供的万用表其外观和操作与实际的万用表相似，可以测电流、电压、电阻和分贝值，还可以测直流或交流信号。万用表有正极和负极两个引线端，如图 1.5.8 所示。

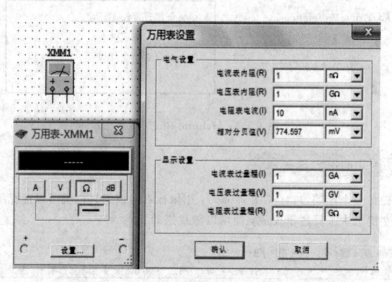

图 1.5.8　数字万用表

2. 函数发生器

Multisim 提供的函数发生器可以产生正弦波、三角波和矩形波（见图 1.5.9），信号频

率可在 1 Hz～999 MHz 范围内调整。信号的幅值以及占空比等参数也可以根据需要进行调节。信号发生器有三个引线端口：负极、正极和公共端。

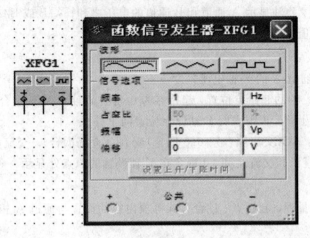

图 1.5.9　函数发生器

3. 双通道示波器

Multisim 提供的双通道示波器的外观和基本操作与实际的示波器基本相同。该示波器可以观察一路或两路信号波形的形状，分析被测周期信号的幅值和频率，时间基准可在秒直至纳秒范围内调节。图 1.5.10 所示为双通道示波器。

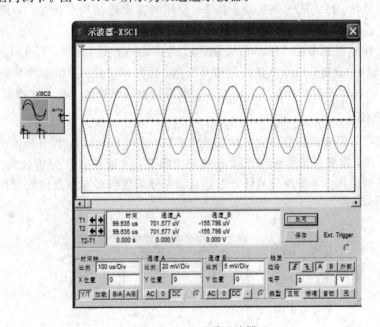

图 1.5.10　双通道示波器

示波器的控制面板分为以下四个部分：

1）时间轴

Scale(比例)：设置显示波形时的 X 轴时间基准。

X 位置：设置 X 轴的起始位置。

显示方式设置有四种：Y/T 方式指的是 X 轴显示时间，Y 轴显示电压值；Add 方式指的是 X 轴显示时间，Y 轴显示 A 通道和 B 通道的电压之和；A/B 或 B/A 方式指的是 X 轴和 Y 轴都显示电压值。

2）通道 A

Scale(比例)：通道 A 的 Y 轴电压刻度设置。

Y 位置：设置 Y 轴的起始点位置，起始点为 0 表明 Y 轴和 X 轴重合，起始点为正值表明 Y 轴原点位置向上移，否则表明 Y 轴原点位置向下移。

触发耦合方式：AC(交流耦合)、0(0 耦合)或 DC(直流耦合)。交流耦合只显示交流分量，直流耦合显示直流和交流之和，0 耦合在 Y 轴设置的原点处显示一条直线。

3）通道 B

通道 B 的 Y 轴量程、起始点、耦合方式等项内容的设置与通道 A 相同。

4）触发

触发方式主要用来设置 X 轴的触发信号、触发电平及边沿等。

(1) 边沿：设置被测信号开始的边沿，即设置先显示上升沿或下降沿。

(2) 电平：设置触发信号的电平，使触发信号在某一电平时启动扫描。

4. 波特图仪

利用波特图仪可以方便地测量和显示电路的频率响应。波特图仪适合于分析滤波电路或电路的频率特性，特别适于观察截止频率。使用时需要连接两路信号，一路是电路输入信号，另一路是电路输出信号，需要在电路的输入端接交流信号。

波特图仪控制面板分为 Magnitude(幅值)或 Phase(相位)选择、Horizontal(横轴)设置、Vertical(纵轴)设置，以及其他控制信号反向、保存和设置。面板中的 F 指的是终值，I 指的是初值。在波特图仪的面板上，可以直接设置横轴和纵轴的坐标及其参数。

5. Ⅳ分析仪

Ⅳ分析仪专门用来分析晶体管的伏安特性曲线(见图 1.5.11)。Ⅳ分析仪相当于实验室的晶体管图示仪，需要将晶体管与连接电路完全断开，才能进行Ⅳ分析仪的连接和测试。Ⅳ分析仪有三个连接点，实现与晶体管的连接。Ⅳ分析仪面板左侧是伏安特性曲线显示窗口，右侧是功能选择。

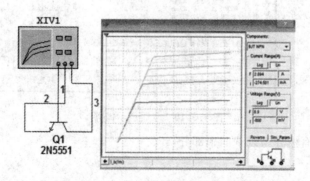

图 1.5.11　晶体管特性曲线

1.5.2 Multisim 10 电路创建与仿真

1. 电路的创建

启动 Multisim，如图 1.5.12 所示。

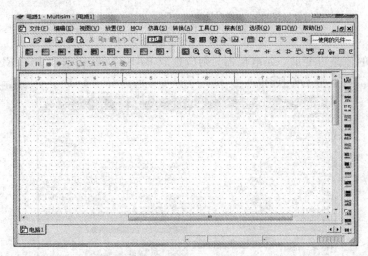

图 1.5.12 启动 Multisim 10

点击菜单栏上的放置菜单或单击元器件栏的某一元器件图标，弹出如图 1.5.13 所示的选择元件对话框。

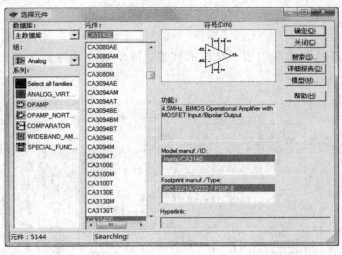

图 1.5.13 选择元件对话框

选择合适的元器件，点击 OK 按钮，此元器件随鼠标一起移动，在工作区适当位置点击鼠标左键即可。如果想移动元器件，则选中元件不放，便可以移动元件的位置；单击元件（就是选中元件），点击鼠标右键，选择要操作的功能，便可以旋转元件。常用的元器件编辑功能有：顺时针旋转 90°、逆时针旋转 90°、水平翻转、垂直翻转、元件属性等。这些操作可以在编辑菜单的子菜单下选择命令，也可以应用快捷键进行快捷操作。图 1.5.14 所示为元件的编辑示例。

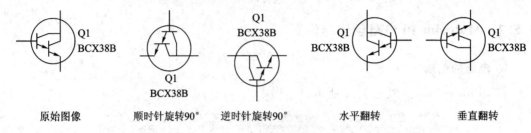

原始图像　　　　顺时针旋转90°　　逆时针旋转90°　　　水平翻转　　　　垂直翻转

图 1.5.14　元件的编辑示例

若元器件的值是可变的，如电位器，则应选取 BASIC，然后选取 POTENTIOMETER（见图 1.5.15），再点击 OK 按钮。

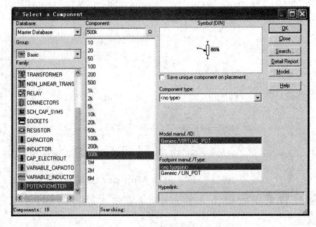

图 1.5.15　虚拟元件的使用

2. 电路仿真

单击仪表工具栏中的万用表、双踪示波器，以单级放大电路为例，放置位置如图 1.5.16 所示。

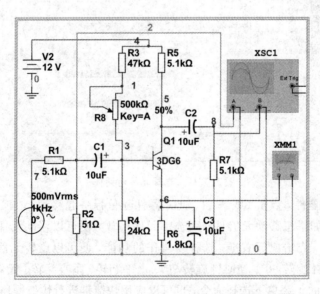

图 1.5.16　放置虚拟仪器

单击工具栏中的运行按钮，进行数据的仿真。之后，双击  图标，就可以观察三极管 e 端对地的直流电压，如图 1.5.17 所示。然后，单击滑动变阻器，会出现一个虚框，之后，按键盘上的 A 键，就可以增加滑动变阻器的阻值，按 Shift＋A 键可以降低其阻值。

图 1.5.17　万用表的读数

双击 图标，得到如图 1.5.18 所示的波形。

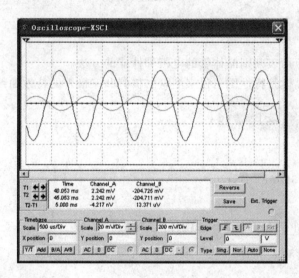

图 1.5.18　仿真结果

如果波形太密或者幅度太小，可以调整 Scale 中的数据。

第 2 部分

模拟电子技术基础实验及仿真

2.1 晶体管特性曲线的测试

一、实验目的

（1）掌握使用万用表判别晶体管的电极和性能的方法。

（2）学会使用晶体管特性图示仪来测量二极管和三极管的特性曲线。

二、实验元器件及仪器

1. 元器件

三极管 3DG6、3DJ6F、BS170。

2. 仪器

数字万用表，BJ - 4814 型晶体管特性图示仪。

三、实验原理

1. 半导体二极管

二极管的内部是一个 PN 结，具有单向导电性能，其正向电阻小，反向电阻大，在其两端加正向电压时，二极管导通，加反向电压时，二极管截止。二极管导通以后两端的正偏电压称为二极管的管压降。一般硅管的管压降为 $0.6 \sim 0.8$ V，锗管的管压降为 $0.2 \sim 0.3$ V。用数字万用表的"➡▶⊢"挡可判别二极管的极性，检验其质量的优劣。

判别二极管的极性时，使用数字万用表的"➡▶⊢"挡测量。如果数字万用表的读数为 $0.6 \sim 0.8$ V（硅管）或 $0.2 \sim 0.3$ V（锗管），则与红表笔相接的是二极管的正极，与黑表笔相接的是万用表的负极；若万用表读数最高位显示超量程，则二极管处于反向状态，即与红表笔相接的是二极管的负极，与黑表笔相接的是万用表的正极。若二极管正向、反向测量，万用表读数最高位均显示超量程，则表明二极管的内部断路。

2. 晶体三极管

三极管具有信号放大的作用，它由两个 PN 结组成，分为 PNP 型和 NPN 型两种结构，如图 2.1.1 所示。

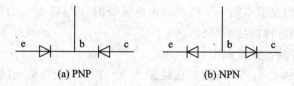

(a) PNP　　　　　　　　(b) NPN

图 2.1.1　三极管结构图

三极管的 e、b、c 字母分别代表发射极、基极、集电极。由晶体管内部载流子的运动规律可知，只有当发射结处于正向偏置，集电结处于反向偏置时三极管才有电流放大作用。用数字万用表判断晶体三极管的类型及三个电极的方法见附录 A。

3. 晶体管特性曲线的测试

下面介绍用晶体管特性图示仪来测试二极管的伏安特性和三极管的输入、输出特性曲线，以及电流放大系数 β。

晶体管特性图示仪是由阶梯信号发生器（供给待测管的基极和发射极回路）、集电极扫描信号发生器、X 轴放大器、示波管及控制电路等组成。根据 X 轴上作用量的不同，示波管屏幕上会显示不同的特性曲线。例如，若在 X 轴加基极电压，在 Y 轴加基极电流，就能显示晶体管的输入特性曲线；若在 X 轴加集电极电压，在 Y 轴加集电极电流，就能显示晶体管的输出特性曲线；若在 X 轴上加基极电流，在 Y 轴加集电极电流，即可显示晶体管的电流放大特性曲线，直接读出 β 值。

1）二极管的测试

（1）二极管正向特性曲线的测试。

测试前，将峰值电压调至 0。将被测二极管按图 2.1.2(a) 的位置接在图示仪测试台 C、E 两端，调整图示仪 X、Y 轴位移，使坐标原点为屏幕左下角位置。面板各旋钮位置如下：

① 峰值电压范围为 0～20 V；② 集电极扫描极性为正（＋）；③ 功耗限制电阻为 100 Ω；④ Y 轴选择开关为 5 mA/度；⑤ X 轴选择开关为 0.1 V/度；⑥ 阶梯选择开关为 0.01 mA/级；⑦ 零电流、零电压开关为正常；⑧ 阶梯极性为正；⑨ 级/簇开关为 10。

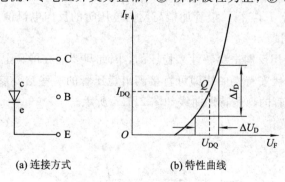

(a) 连接方式　　　　　　(b) 特性曲线

图 2.1.2　二极管正向特性

从零开始逐渐加大峰值电压，在屏幕上可得如图 2.1.2(b) 所示的二极管正向伏安特性曲线。配合特性曲线，可以测出二极管的一些参数。二极管的正向特性曲线的主要参数有：

① 二极管的门限电压 U_{th}：指二极管刚好导通时两端的电压差。

② 二极管的正向直流电阻 R_D：指给定工作电流处的电压与电流之比。

③ 二极管的正向交流电阻 r_d：指在给定电流处的 ΔU_D 与 ΔI_D 之比，$r_d = \Delta U_D / \Delta I_D$。

（2）二极管反相特性曲线的测试。

测试前，面板各旋钮位置如下：

① 峰值电压先调至 0；② 峰值电压范围为 0～200 V；③ 集电极扫描极性为正（＋）；④ 功耗限制电阻为 20 kΩ；⑤ Y 轴选择开关为 1 mA/度；⑥ X 轴选择开关为 10 V/度；⑦ 阶梯选择开关为 0.01 mA/级；⑧ 零电流、零电压开关为正常；⑨ 阶梯极性为正；⑩ 级/簇开关为 10。

按图 2.1.3(a)将二极管插入图示仪测试台，从零开始慢慢调节峰值电压，便能在图示仪屏幕上观察到如图 2.1.3(b)所示的二极管的反向伏安特性曲线。

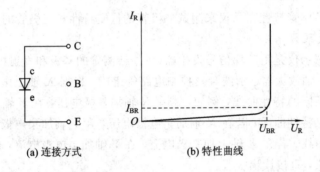

(a) 连接方式　　　　　　(b) 特性曲线

图 2.1.3　二极管反向特性

通过曲线，配合图示仪面板旋钮所指数值即可测出各项具体参数。二极管反向特性的主要参数有：

① 最高反向工作电压 U_R：指二极管不被反向击穿时的最高反向电压，通常取反向击穿电压的 2/3 或 1/2 的值。

② 反向击穿电压 U_{BR}：指反向击穿电压加大到某个值，反向电流迅速增大时所对应的电压值，如图 2.1.3(b)所示。

③ 最大反向电流 I_{BR}：指二极管加最高反向电压时的反向电流值。

（3）稳压管的测试。

由于稳压管是利用反向击穿特性来稳压的，因此只要能在屏幕上显示出稳压管的反向特性曲线，通过反向伏安特性曲线即可直接测出稳压管的一些主要参数，测量的方法与一般二极管相同。稳压管的稳压特性曲线如图 2.1.4 所示。

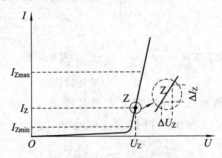

图 2.1.4　稳压管的稳压特性

稳压二极管的主要参数如下：

① 稳定电压 U_Z：指在正常电流 I_Z 时所对应的电压值。

② 最大稳定电流 I_{Zmax}：指稳压管刚离开稳压区所对应的电流，为了防止测试中损坏管子，应事先根据手册给出的耗散功率 P_Z 和 U_Z 求出 $I_{Zmax} \leqslant P_Z / U_Z$。

③ 最小稳定电流 I_{Zmin}：指稳压管刚入稳压区所对应的反向电流。

④ 动态电阻 r_Z：指稳压管端电压的变化量与电流变化量的比值，$r_Z = \Delta U_Z / \Delta I_Z$，$r_Z$ 愈小，则稳压性能就愈好。其值一般为数十欧姆，测试方法与普通二极管的测试方法相同，峰值电压范围应选择 0～200 V，可根据稳压管的反向伏安特性曲线求出上述各主要参数。

2）晶体三极管的测试

（1）输入特性曲线的测试。

按图 2.1.5(a)将被测晶体管插入图示仪测试台，测试前，面板各旋钮开关位置如下：

① 峰值电压先调至 0；② 峰值电压范围为 0～20 V；③ 集电极扫描极性为正（＋）；④ 功耗限制电阻为 100 Ω；⑤ Y 轴选择开关为阶梯；⑥ X 轴选择开关为 0.1 V/度；⑦ 阶梯选择开关为 0.01 mA/级；⑧ 零电流、零电压开关为正常；⑨ 阶梯极性为正；⑩ 级/簇开关为 10。逐渐加大峰值电压就可得到如图 2.1.5(b)所示的三极管输入特性曲线。读出 I_b、U_b 的增量值，便可计算出输入阻抗。

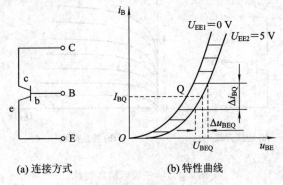

(a) 连接方式　　　　(b) 特性曲线

图 2.1.5　三极管输入特性

将阶梯信号部分选至 $I_b = 0$ 挡，选择适当的功耗限制电阻，逐渐加大水平偏转因数（U_c）和集电极扫描电压，扫线拐点处即为 U_{CEO}。

（2）输出特性曲线的测试。

输出特性曲线是三极管常用的一簇曲线，很多重要参数都可以从中测出。将半导体管的 e、b、c 引脚插在测试盒相应的插座上，测试前，面板各开关置于下列位置：

① 峰值电压先调至 0；② 峰值电压范围为 0～20 V；③ 集电极扫描极性为正（＋）；④ 功耗限制电阻为 1 kΩ；⑤ Y 轴选择开关为 2 mA/度；⑥ X 轴选择开关为 2 V/度；⑦ 阶梯选择开关为 0.01 mA/级；⑧ 零电流、零电压开关为正常；⑨ 阶梯极性为正；⑩ 级/簇开关为 10。

峰值电压由零开始逐渐加大，在屏幕上即能显示出如图 2.1.6 所示的输出特性曲线。根据坐标刻度所在挡位可读出 I_c 值，根据阶梯选择开关可得到 I_b 值。根据特性曲线，配合图示仪面板上的开关旋钮位置，便可求出三极管的共射直流放大系数 $\bar{\beta}$ 和共射交流放大系数 β：

$$\bar{\beta} = \frac{I_{CQ}}{B_Q}\bigg|_{U_{CEQ}=常数} \qquad \beta = \frac{\Delta I_C}{\Delta I_B}\bigg|_{U_{CEQ}=常数}$$

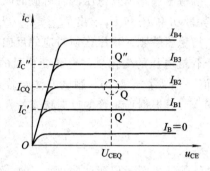

图 2.1.6　三极管输出特性曲线

4. 场效应半导体管

现以 3DJ6 为例测试输出特性。按图 2.1.7(a) 插入 3DJ6。

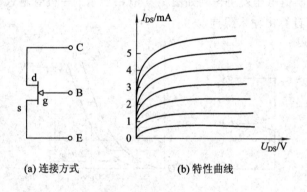

(a) 连接方式　　　　　(b) 特性曲线

图 2.1.7　三极管输入特性

测试前，各开关所置挡位如下：

① 峰值电压先调到零点；② 功耗限制电阻为 100 Ω；③ 峰值电压范围为 0～20 V；④ 集电极扫描极性为正；⑤ Y 轴选择开关为 0.5 mA/度；⑥ X 轴选择开关为 1 V/度；⑦ 阶梯选择开关为 0.05 V/级；⑧ 阶梯极性为负；⑨ 零电流、零电压开关为正常。

调整峰值电压旋钮便可得到如图 2.1.7(b) 所示的转移特性曲线，从曲线中可读出饱和漏电流值与夹断电压值。

四、实验任务与步骤

(1) 使用万用表来判断二极管的正、负电极，测量二极管的正向压降，并根据万用表的读数来判别二极管是硅材料还是锗材料。判断三极管的类型、电极、材料及电流放大系数 β。

(2) 利用晶体管图示仪测量二极管（如 2AP6、2CP21）、稳压二极管（如 2CW15）的正向特性、反向特性，画出特性曲线，并在曲线上标明门限电压、最大的反向工作电压、稳压二极管的稳定电压,并填入表 2.1.1 中。

表 2.1.1　二 极 管 参 数

型号	门槛电压 U_{th}	最高反向工作电压 U_{BR}	最大反向电流 I_{BR}	正、反向特性曲线
				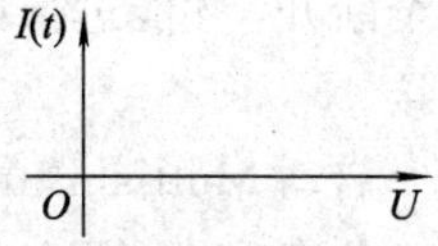

型号	稳定电压 U_Z	最小稳定电流 I_{Zmin}/mA	最大稳定电流 I_{Zmax}/mA	稳定特性曲线
				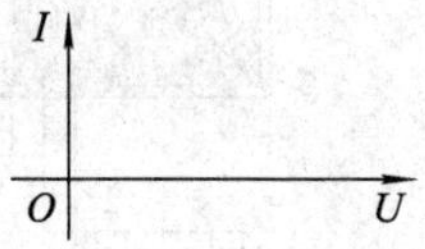

(3) 测试低频小功率管(如 3DG6、3AX31)的输入特性、输出特性、电流放大系数 β、穿透电流 I_{CEO}、反向击穿电压 U_{CEO} 及输入阻抗,并填入表 2.1.2 中。对两种管型所测结果进行比较。

表 2.1.2　三 极 管 参 数

型号	电流放大系数 β	输入阻抗 r_{be}	输入特性曲线	输出特性曲线
			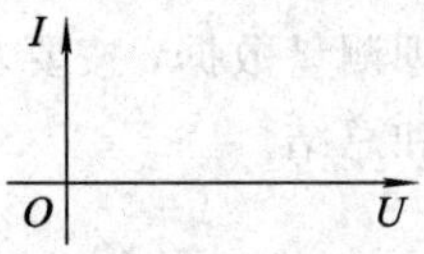	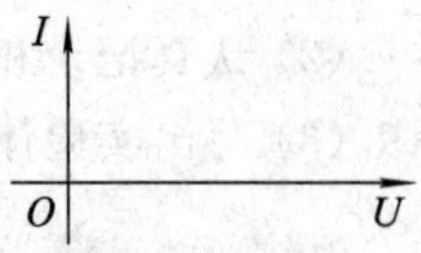

(4) 测试场效应管 3DJ6 的输出特性,将测试数据填入表 2.1.3 中。

表 2.1.3　场效应管参数

型　号	饱和漏电流	夹断电压	转移特性曲线

五、Multisim 10 仿真分析

IV分析仪专门用来分析晶体管的伏安特性曲线，如二极管、NPN管、PNP管、NMOS管、PMOS管等器件。IV分析仪相当于实验室的晶体管图示仪，需要将晶体管与连接电路完全断开，才能进行IV分析仪的连接和测试。IV分析仪有三个连接点，实现与晶体管的连接。

启动 Multisim10，我们以 NPN 三极管为例，按图 2.1.8 所示连接仿真电路。

仿真实验结果如图 2.1.9 所示。

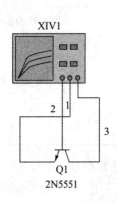

图 2.1.8　三极管仿真电路

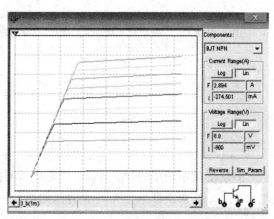

图 2.1.9　仿真结果

六、实验报告要求

（1）简述用数字式万用表判别二极管及三极管极性的实验原理。

（2）认真记录和整理测量数据，按要求填表并画出特性曲线图。

（3）写出实验体会和总结。

七、思考题

（1）如何判别二极管、三极管的好坏？

（2）在使用 BJ-4814 型晶体管特性图示仪测试管子的参数时，峰值电压如何调节？

八、预习要求

（1）预习二极管、三极管的结构特点、工作条件和原理。

（2）预习晶体管特性图示仪的操作方法。

（3）预习用万用表测试二极管、三极管的方法。

2.2　单级放大电路

单级放大器是最基本的放大器，虽然实用线路中极少用单级放大器，但是它的分析方

法、计算公式、电路的调试技术和放大器性能的测量方法等都带有普遍的意义,适用于多级放大器。特别需注意的是,接线时,与仪器设备相接的连接线,黑端子是接地端,红端子是信号端,红、黑端子不能颠倒。

一、实验目的

(1) 熟悉电子元器件和模拟电子实验箱。

(2) 掌握单级共射放大电路静态工作点的调试及测量方法,分析负载和静态工作点对放大器性能的影响。

(3) 掌握放大器性能指标(电压放大倍数 A_u、输入阻抗 R_i 和输出阻抗 R_o)的测试方法。

二、实验元器件及仪器

1. 元器件

三极管:3DG6,1 个。

可选电容:若干。

可选电阻:5.1 kΩ 电阻 3 个,33 kΩ、24 kΩ、1.8 kΩ、100 Ω 电阻各 1 个。

滑动变阻器:100 kΩ 滑动变阻器,电阻箱 1 个。

2. 仪器

示波器、直流稳定电源、DDS 信号发生器、数字万用表。

三、实验原理

阻容耦合共射极放大器是单级放大器中最常见的一种放大器,其功能是在不失真的情况下,对输入信号进行放大。注:为了用示波器测试方便及记录数据方便起见,本书实验中,交流信号均使用峰峰值。

1. 静态工作点

为了使放大器能正常工作,必须设置合适的静态工作点;否则,如果静态工作点设置得偏高或偏低,在输入信号比较大时会造成输出信号的饱和失真(见图 2.2.1(a))或截止失真(见图 2.2.1(b))。

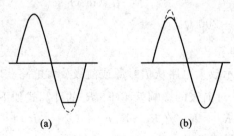

(a)　　　　　　　　　　**(b)**

图 2.2.1　静态工作点对 u_o 波形失真的影响

影响静态工作点的因素很多,但当晶体管确定后,主要因素取决于偏置电路。图 2.2.2 所示电路是基极分压式电流负反馈偏置电路,放大器静态工作点 Q 主要由 R_{B1}、

R_{B2}、R_E、R_C 及电源电压 U_{CC} 所决定。

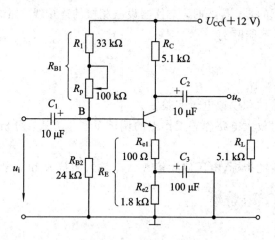

图 2.2.2　共射极放大电路

当流过偏置电阻 R_{B1} 和 R_{B2} 的电流 I_R 远大于晶体管的基极电流 I_B(即 $I_R \gg I_B$)时,静态工作点可用下式估算:

$$U_{BQ} \approx \frac{R_{B1}}{R_{B1} + R_{B2}} U_{CC} \tag{2.2.1}$$

$$I_C \approx I_E = \frac{U_{EQ}}{R_E} \tag{2.2.2}$$

$$U_{CEQ} = U_{CC} - I_C(R_C + R_E) \tag{2.2.3}$$

其中:

$$R_E = R_{e1} + R_{e2}$$

2. 交流电压放大倍数 A_u

交流电压放大倍数是衡量放大电路放大交流信号电压能力的重要指标。对图 2.2.2 所示的电路,由理论分析可得

$$A_u = -\beta \frac{R_C /\!/ R_L}{r_{be} + (1+\beta)R_{e1}} \tag{2.2.4}$$

式中,r_{be} 为晶体管的输入电阻,$r_{be} = r_{bb'} + \dfrac{(1+\beta)26(\text{mV})}{I_{EQ}(\text{mA})}$,$r_{bb'}$ 为晶体管基区体电阻,约为几十到几百欧,可以取 $r_{bb'} = 200\ \Omega$。

3. 输入阻抗

输入阻抗 R_i 的大小表示放大电路从信号源或前级放大电路获取电流的多少。输入阻抗越大,索取前级电流越小,对前级的影响就越小。R_i 的计算式如下:

$$R_i = R_{B1} /\!/ R_{B2} /\!/ [r_{be} + (1+\beta)R_{e1}] \tag{2.2.5}$$

输入阻抗 R_i 的测量有以下两种方法。

方法一:采用串联电阻法,即在放大电路与信号源之间串入一个已知电阻 R(一般选择 R 的值接近 R_i,以减小测量误差,这里选择 $R = 5.1\ \text{k}\Omega$)。输入阻抗的测试电路如图 2.2.3 所示。

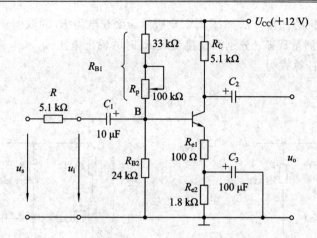

图 2.2.3　输入阻抗的测量（一）

注意：用示波器观察输出波形，在输出波形不失真的情况下分别测出 u_s、u_i 的值。R_i 的计算公式为

$$R_i = \frac{u_i}{u_s - u_i} R \qquad (2.2.6)$$

方法二：如图 2.2.4 所示，当 $R = 0$ 时，在输出电压波形不失真的条件下，用示波器测出输出电压 u_{o1}；当 $R = 5.1\ \text{k}\Omega$ 时，保持信号源 u_s 幅度不变，测出输出电压 u_{o2}，计算 R_i 的公式为

$$R_i = \frac{u_{o2}}{u_{o1} - u_{o2}} R \qquad (2.2.7)$$

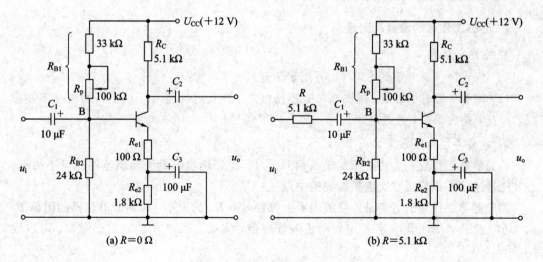

(a) $R = 0\ \Omega$　　　　　　　　　　　　　　　(b) $R = 5.1\ \text{k}\Omega$

图 2.2.4　输入阻抗的测量（二）

4. 输出阻抗

输出阻抗 R_o 的大小表示电路带负载能力的大小。输出阻抗越小，带负载能力越强。当 $R_o \ll R_L$ 时，放大器可等效成一个恒压源。R_o 的计算式为

$$R_o = r_o\ /\!/\ R_C \approx R_C \qquad (2.2.8)$$

放大器输出阻抗的测量方法如图 2.2.5 所示。负载电阻 R_L 的取值应接近放大器的输出阻抗 R_o，以减小测量误差。分别测量接负载 R_L 时的输出电压 u_{oL} 和未接负载时的输出电压 u_o，输出阻抗的计算式为

$$R_o = \left(\frac{u_o}{u_{oL}} - 1 \right) R_L \tag{2.2.9}$$

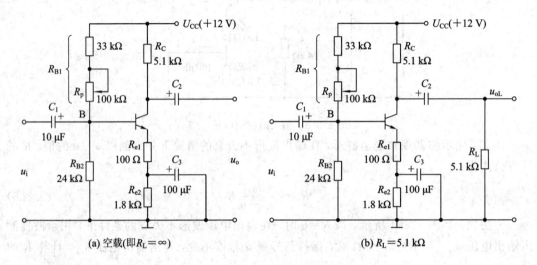

(a) 空载(即 $R_L = \infty$)   (b) $R_L = 5.1$ kΩ

图 2.2.5 输出阻抗的测量

四、实验任务与步骤

1. 静态工作点的设置及测量

1) 电路的连接

(1) 将直流电源调整到 12 V(用万用表测量)。

(2) 测量三极管的 β 值，按图 2.2.2 连接电路，注意电容器 C_1、C_2、C_3 的极性不要接反，检查电路无误后，接通电源。

2) 静态工作点的调整

测量静态工作点的方法是不加输入信号。为了保证输出的最大动态范围而又不失真，往往把静态工作点设置在交流负载线的中点。

调整静态工作点的方法是改变放大器上偏置电阻 R_{B1} 的大小，即调节电位器的阻值 R_p 的大小。按表 2.2.1 用数字万用表测量各静态值，完成表 2.2.1 的内容。例如，可以取 $U_{EQ} \approx 1.9$ V。

表 2.2.1 静态工作点的测量

$R_p/$kΩ	$U_{BQ}/$V	$U_{EQ}/$V	$U_{CQ}/$V	$U_{BEQ}/$V	$U_{CEQ}/$V

注：(1) 测量 R_p 的阻值时，应把 R_p 与电路断开。

(2) 电压放大倍数及输入、输出阻抗的测量都是在静态工作点没有变化的情况下测量的。

2. 电压放大倍数的测量

接入 $5.1~k\Omega$ 负载，调节信号发生器输出正弦波信号，$f=1~kHz$，峰峰值 $u_i \approx 100~mV$，用示波器观察到放大器输出端有放大，且不失真的正弦波形后，可以用示波器测量峰峰值，求出放大电路的电压放大倍数。如果输出信号有失真，可以调小信号发生器的输出信号，或调节放大电路的静态工作点。如果静态工作点改变了，则要重新测量各静态值并将其填入表 2.2.1 中。A_u 的计算式为

$$A_u = \frac{u_{oL}}{u_i} \tag{2.2.10}$$

表 2.2.2　放大倍数的测量

R_L	β	u_i/V	u_{oL}/V	$A_u = u_{oL}/u_i$	计算理论值 A_u
$5.1~k\Omega$					

思考：负载电阻的大小对放大倍数有没有影响呢？接入负载 $R_L = 1~k\Omega$ 时，测量放大电路的电压放大倍数，分析负载对放大倍数的影响。

3. 输入、输出阻抗的测量

1）测量输入阻抗 R_i

前面已经讲过输入阻抗 R_i 的测量有两种方法。注意：用示波器观察输出波形，在输出波形不失真的情况下分别测出 u_s、u_i 的值。

方法一：按图 2.2.3 接线，用示波器观察输出波形，在输出波形不失真的情况下分别测出 u_s、u_i 的值并将其填入表 2.2.3 中。R_i 的计算如下：

$$R_i = \frac{u_i}{u_s - u_i} R$$

方法二：按图 2.2.4 接线，用示波器观察输出波形，在输出波形不失真的情况下分别测出 u_{o1}、u_{o2} 的值并将其填入表 2.2.4 中。R_i 的计算式如下：

$$R_i = \frac{u_{o2}}{u_{o1} - u_{o2}} R$$

将采用两种方法计算出的 R_i 与理论值比较，分析测量误差。

表 2.2.3　输入阻抗的测量一

u_s/V	u_i/V	R_i

表 2.2.4　输入阻抗的测量二

u_{o1}/V	u_{o2}/V	R_i

2) 测量输出阻抗 R_o

放大器输出阻抗的测量方法如图 2.2.5 所示。负载电阻 R_L 的取值应接近放大器的输出阻抗 R_o，以减小测量误差(比如取 $R_L=5.1\ k\Omega$)。用示波器观察输出波形，在输出波形不失真的情况下用示波器测量输出电压峰峰值。首先测量 R_L 未接入放大器时的输出电压 u_o，保持输入信号不变，接入 $R_L=5.1\ k\Omega$ 后再测量放大器负载上的电压 u_{oL}，完成表 2.2.5。

表 2.2.5 输出阻抗阻的测量

u_o/V	$u_{oL}(R_L=5.1\ k\Omega)$	$R_o=(u_o/u_{oL}-1)R_L$

4. 观察静态工作点的变化对输出波形的影响

1) 最大不失真输出电压

最大不失真输出电压 u_{omax} 是指不出现饱和失真和截止失真时，放大器所输出的最大不失真输出电压值。最大不失真输出电压的峰峰值为放大器的输出动态范围，用 u_{opp} 表示，$u_{opp}=2u_{omax}$。测量方法是：在测量电压放大倍数的基础上，逐渐增加输入信号的幅度，如果只出现截止失真或只出现饱和失真，那么调节 R_p，使得不失真。再继续增大输入信号幅度，直到输出波形同时出现截止失真和饱和失真为止。这时候的输出电压即为最大不失真输出电压。

2) 观察静态工作点对输出波形的影响

保持输入信号不变，分别增大和减小 R_p，使波形出现失真，绘出 u_o 的波形，分析失真原因，说明是饱和还是截止失真，并用万用表测出此时的静态工作点，计入表 2.2.6 中。

表 2.2.6 静态工作点对放大器的影响

R_p/Ω	U_{BE}/V	U_E/V	u_o 波形	失真情况
				最大不失真
$R_p=0\ \Omega$				
$R_p \geqslant 100\ k\Omega$				

五、Multisim10 仿真分析

启动 Multisim10，按图 2.2.6 所示输入仿真电路。

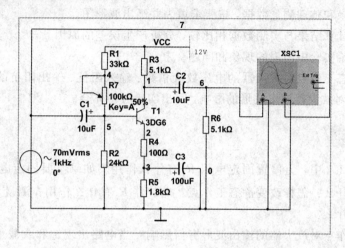

图 2.2.6　仿真电路图

仿真实验结果如图 2.2.7 所示。小波形为输入信号波形，大波形为输出信号波形。如果工作点过低或过高，则会造成截止失真或饱和失真，如图 2.2.8 所示。

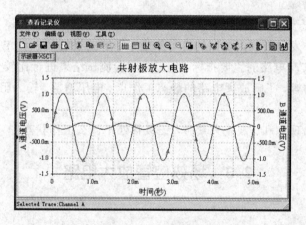

图 2.2.7　仿真结果

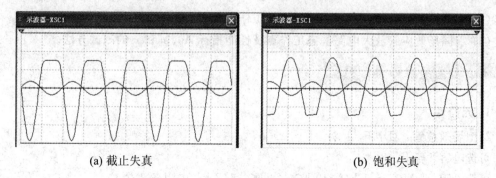

(a) 截止失真　　　　　　　　　　　　　　(b) 饱和失真

图 2.2.8　静态工作点调得不合适的仿真结果

(1) 简单说明实验电路的主要工作原理。

(2) 认真记录和整理测量数据，按要求填表并画出波形图。

(3) 将理论计算结果与实测数据相比较，分析产生误差的原因。

(4) 分析讨论实验中出现的现象和问题。

(5) 总结静态工作点对放大器的电压放大倍数、输入阻抗、输出阻抗的影响，分析静态工作点的变化对放大器输出波形的影响，写出实验心得体会。

(1) 在图 2.2.2 中，上偏置固定电阻 R_1 有什么作用？如果不要固定电阻而只用电位器，可以吗？为什么？怎样改变静态工作点？电位器 R_p 有什么作用？测量 R_p 时，要将 R_p 与电路断开，为什么？

(2) 静态工作点对放大器的输出波形有何影响？当电路出现饱和或截止失真时，应怎样调整参数？

(3) 结合所做的实验试分析：在测量放大器的静态工作点时，如果测得 $U_{CEQ} < 0.5$ V，说明三极管处于什么工作状态？如果 $U_{CEO} \approx U_{CC}$，三极管又处于什么工作状态？

(1) 复习有关共发射极放大电路的基本原理，了解三极管的三种工作状态。能用给定的晶体管参数计算实验电路的主要指标，用以与实验测试结果进行比较分析。

(2) 预习实验内容，了解放大电路的静态工作点、电压增益、输入阻抗、输出阻抗的测试方法。

(3) 输出波形出现饱和、截止失真时，三极管处于什么工作状态？

2.3 场效应管放大电路

(1) 了解场效应管放大器的电路组成及工作原理。

(2) 掌握场效应管放大电路静态工作点及性能指标 A_u、r_i 和 r_o 的测试方法。

1. 元器件

结型场效应管：3DJ6F，1 个。

可选电容：若干。

可选电阻：1 MΩ、5.1 kΩ、40 kΩ、24 kΩ、1.8 kΩ 电阻各 1 个。

滑动变阻器：1 MΩ、20 MΩ 和 20 kΩ 滑动变阻器各 1 个，电阻箱 1 个。

2. 仪器

示波器、直流稳定电源、DDS 信号发生器、数字万用表。

三、实验原理

场效应管是一种电压控制型器件，通过栅极电压 u_{GS} 来控制漏极电流 i_D。从场效应管的输出特性曲线上可以看出，各条不同输出特性曲线的参数变量是 u_{GS}，在恒流区，i_D 的值主要取决于 u_{GS}，而基本与 u_{DS} 无关。

场效应管的栅极几乎不取电流，所以其输入阻抗非常高。MOS 场效应管的阻抗可高达 10^{10} Ω。场效应管的阻抗只有一种载流子导电，是单极型器件，噪声低，热稳定性好，抗辐射能力强，制造工艺简单，获得了广泛的应用。

场效应管组成的放大电路也有三种组态，但常用的组态是共源极电路和源极跟随器。

实验电路如图 2.3.1 所示，此电路是栅极分压式共源极放大电路。3DJ6 为结型场效应管，R_{g1} 和 R_{g2} 为栅极偏置电阻，R_s、C_3 为源极电阻和源极旁路电容，R_d 为漏极负载电阻，R_L 为负载电阻，C_1、C_2 为输入、输出耦合电容。

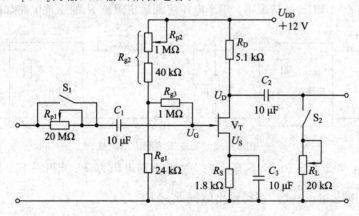

图 2.3.1　共源极放大电路

1. 静态工作点的测试

实验电路为分压式偏压共源放大器，静态时，由于管子的栅极电阻极高，可以认为流经电阻 R_{g3} 的电流为 0，因此，栅-源电压 U_{GS} 可由下述公式确定：

$$U_{GS} = U_G - U_s = \frac{R_{g2}}{R_{g1} + R_{g2}} \times U_{DD} - I_D \times R_s \tag{2.3.1}$$

漏-源电压 U_{DS} 可由下述公式确定：

$$U_{DS} = U_{DD} - I_D(R_D + R_S) \tag{2.3.2}$$

实际测量时只需要分别测出 U_s、U_D 即可计算出 U_{GS}、U_{DS} 和 I_D 值。

2. 放大倍数

放大倍数的计算式为

$$A_u = \frac{u_o}{u_i} = -g_m R_L' = -g_m \frac{R_D \times R_L}{R_D + R_L} \tag{2.3.3}$$

3. 输入阻抗的测量

在输出波形不失真的条件下用半电压法测试输入阻抗。在保证输入信号的幅度和频率不变(峰峰值 $u_i = 200$ mV,$f = 1$ kHz)的情况下,用半电压法测输入阻抗 R_i 的原理电路如图 2.3.2 所示。

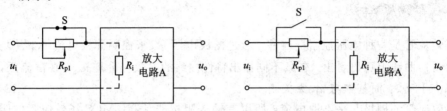

图 2.3.2 半电压法测输入阻抗

工作原理:当开关 S 闭合时,测得输出端电压为 u_o($u_o = A_u u_i$);当开关 S 断开时,调节电位器 R_{p1},使此时测得的输出端电压为 $u_o' = \frac{1}{2}u_o$,则得输入阻抗:$R_i = R_{p1}$。

4. 输出阻抗的测量

在输出波形不失真的条件下用半电压法测试输出阻抗。在保证输入信号的幅度和频率不变($u_i = 200$ mV,$f = 1$ kHz)的情况下,用半电压法测输出阻抗 R_o 的原理电路如图 2.3.3 所示。

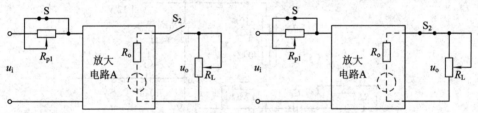

图 2.3.3 半电压法测输出阻抗

工作原理:当开关 S_1 闭合,S_2 断开时,测输出端电压为 u_o;当开关 S_1、S_2 闭合时,调节 R_L,使输出端电压 $u_o' = \frac{1}{2}u_o$,则得输出阻抗 $R_o = R_L$。

四、实验任务与步骤

1. 调节静态工作点

按图 2.3.1 连接电路,合上开关 S_1。调节低频信号发生器,使其输出频率为 1 kHz、峰峰值为 200 mV 的正弦波信号,u_i 接到场效应管放大电路的输入端,并用示波器观察放大电路输出端的电压波形,调节电位器 R_{p2},使放大电路输出波形不失真。关掉信号源,用万用表测出此时场效应管各极的直流电位,将测得的数据填入表 2.3.1 中。

表 2.3.1 静态工作点的测试

调试要求	实 测 值			计 算 值		
	U_G/V	U_D/V	U_S/V	U_{GS}/V	U_{DS}/V	I_D/mA

2. 电压放大倍数测试

闭合 S_1，断开 S_2，在输入端加入 1 kHz、200 mV 的正弦波信号 u_i，调节 R_{p2} 和 u_i 的幅度大小，使 u_o 为最大不失真输出。测出放大器的输出电压 u_o，并填入表 2.3.2 中。

表 2.3.2　测量放大电路的电压增益

R_L	u_i/mV	u_o/mV	u_o/u_i 波形（画在一个坐标系下）	$A_u = u_o/u_i$
$R_L = 2\ k\Omega$			U_o/U_i O t	

3. 输入阻抗的测量

采用半电压法测量输入阻抗。在测试过程中保持输入信号电压不变，即 u_i 大小不变。

注意：在测量输入阻抗过程中，保持输入信号不变，保持输出端的连接方式不变。具体步骤如下：

（1）将开关 S_1 合上，S_2 断开（空载），用示波器测出放大电路输出电压 u_o。

（2）将开关 S_1 断开，S_2 断开（空载），调节电位器 R_{p1}，使示波器测出的放大电路输出电压读数为上次所测数据的一半（即读数为 $u_o/2$）。

（3）将步骤（2）测试电路中的直流稳压电源断开，信号源从电路中撤下，再用万用表测量出电阻 R_{p1} 的值，将所测数据记录在表 2.3.3 中。

4. 输出阻抗的测量

按半电压法测输出阻抗的原理电路（见图 2.3.3）连接测试电路，并在测试过程中保持输入信号电压不变，即 u_i 大小不变。

注意：在测量输出阻抗过程中，保持输入信号不变，保持输入端的连接方式不变。具体步骤如下：

（1）将开关 S_1 合上，S_2 断开，用示波器测出放大电路输出电压 u_o。

（2）将开关 S_1 状态保持不变（合上），S_2 合上，调节电位器 R_L，使示波器测出的放大电路输出电压读数为上次所测数据的一半（即读数为 $u_o/2$）。

（3）断开信号源和直流电压源，再用万用表测量出电阻 R_L 的值，将所测数据记录在表 2.3.3 中。

表 2.3.3　测量放大电路的输入、输出阻抗

	开关 S_1 状态	开关 S_2 状态	输入电压 u_i	输出电压 u_o	测试结果
测量输入电阻 R_i	合上	断开			$R_i = R_{p1} =$
	断开	断开			
测量输出电阻 R_o	合上	断开			$R_i = R_L =$
	合上	合上			

五、Multisim 10 仿真分析

启动 Multisim 10，按图 2.3.4 所示连接仿真电路。

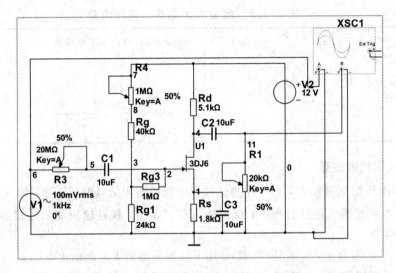

图 2.3.4　仿真电路图

仿真结果如图 2.3.5 所示。细线波形为输入信号波形，粗线波形为输出信号波形。

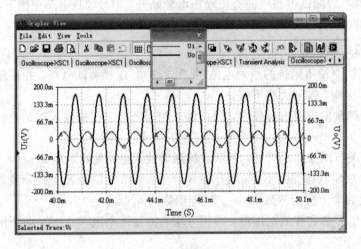

图 2.3.5　仿真结果图

六、实验报告要求

(1) 简述实验电路的主要工作原理。

(2) 整理实验数据，用坐标纸描绘出波形图(注意波形间的相位关系)。

(3) 将理论计算结果与实测数据相比较，分析产生误差的原因。

(4) 分析讨论实验中出现的现象和问题。

(5) 写出实验心得体会。

七、思考题

(1) 为什么测量场效应管的输入阻抗时要用测量输出电压的方法？

(2) 一般不能用指针式万用表的直流电压挡直接测量场效应管的 U_{GSQ}，为什么？

八、预习要求

预习场效应管的特点及场效应管放大器的工作原理。

2.4　差动放大电路

在直接耦合放大电路中，抑制零点漂移最有效的电路结构是差动放大电路。差动放大电路在性能方面有许多优点，理想的差动放大器只对差模信号进行放大，对共模信号进行抑制，因而它具有抑制零点漂移、抗干扰和抑制共模信号的良好作用。在模拟集成电路中得到了广泛应用，是电子线路的基本单元电路之一。

一、实验目的

(1) 熟悉差动放大器的工作原理，掌握具有恒流源的差动放大电路的静态工作点的调试和主要性能指标(差模电压放大倍数和共模抑制比)的测试。

(2) 了解差动放大电路放大差模信号和抑制共模信号的特点。

(3) 熟悉基本差动放大电路与具有恒流源的差动放大电路的性能差别，了解提高共模抑制比的方法。

(4) 学会使用示波器观察和比较两个电压信号相位关系的方法。

二、实验元器件及仪器

1. 元器件

可选电阻：10 kΩ 2 个，510 Ω 2 个，3 kΩ 1 个，62 kΩ 1 个，13 kΩ 1 个。

滑动变阻器：1 kΩ 1 个，330 Ω 1 个。

2. 仪器

示波器、直流稳定电源、DDS 信号发生器、数字万用表。

三、实验原理

差动放大电路是一种具有两个输入端且电路结构对称的放大电路，其基本特点是只有两个输入端的输入信号间有差值时才能进行放大，即差动放大电路放大的是两个输入信号的差，所以称为差动放大电路(也叫差分放大电路)。差动放大电路的应用十分广泛，特别是在模拟集成电路中，常作为输入级或中间级。

图 2.4.1 所示电路由两个元件参数相同的基本共射放大电路组成，V_{T1}、V_{T2} 为差分对

管，V_{T3} 与 R_1、R_2、R_e 组成恒流源电路，为具有恒流源的差动放大电路，对差动放大器的共模信号具有很强的抑制能力。

1. 静态工作点的估算

差分对管、集电极电阻不能保证绝对对称，因此可采用调零电位器 R_p 来调节 V_{T1}、V_{T2} 管的静态工作点，使得输入信号 $u_i = 0$ 时，双端输出电压 $u_o = 0$，以调整电路的对称性。

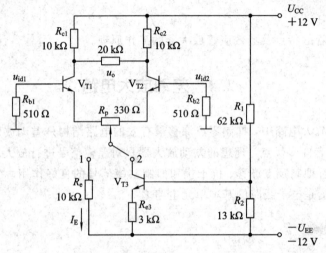

图 2.4.1　差动放大电路原理图

恒流源电路中：

$$I_{C3} \approx I_{E3} \approx \frac{\dfrac{R_2}{R_1 + R_2}(U_{CC} + |U_{EE}|) - U_{BE3}}{R_{E3}} \qquad (2.4.1)$$

$$I_{C1} = I_{C2} = \frac{1}{2}I_{C3} \qquad (2.4.2)$$

2. 差模电压放大倍数

两输入端信号电压大小相等，极性相反，即 $u_{id1} = -u_{id2}$，称为差模信号。差动放大电路对差模信号具有放大作用。

差动放大器有 4 种不同的输入、输出信号连接方式，见表 2.4.1。

表 2.4.1　差动放大器的连接方式

连 接 方 式	差模电压增益
单端输入-单端输出	$A_{ud} = \dfrac{u_{od1} \text{或} u_{od2}}{u_{id}}$
单端输入-双端输出	$A_{ud} = \dfrac{u_{od1} - u_{od2}}{u_{id}}$
双端输入-单端输出	$A_{ud} = \dfrac{u_{od1} \text{或} u_{od2}}{u_{id1} - u_{id2}}$
双端输入-双端输出	$A_{ud} = \dfrac{u_{od1} - u_{od2}}{u_{id1} - u_{id2}}$

当差动放大器的射极电阻 R_e 足够大，或采用恒流源电路时，差模电压放大倍数 A_{ud} 由输出方式决定，而与输入方式无关。如果将单端输出记为 A_{udd}，双端输出记为 A_{uds}，则有 $A_{uds}=2A_{udd}$。

双端输出：

R_p 在中心位置时，有

$$A_{ud} = \frac{u_{od}}{u_{id}} = \frac{u_{od1} - u_{od2}}{u_{id}} \tag{2.4.3}$$

单端输出：

$$A_{ud} = A_{ud1} = A_{ud2} = \frac{u_{od1} \text{ 或 } u_{od2}}{u_{id}} \tag{2.4.4}$$

3. 共模电压放大倍数和共模抑制比 K_{CMR}

当输入共模信号时，若为单端输出，则有

$$A_{uc1} = A_{uc2} \approx -\frac{R_c}{2R_e} \tag{2.4.5}$$

若为双端输出，在理想情况下，有

$$A_{uc} = \frac{u_{oc}}{u_{ic}} = \frac{u_{oc1} - u_{oc2}}{u_{ic}} \approx 0 \tag{2.4.6}$$

实际上由于元件不可能完全对称，因此 A_{uc} 也不会绝对等于零。

当差分放大器的两个输入端输入一对共模信号（大小相等，极性相同）时，如果电路参数完全对称，则共模电压增益 $A_{uc} \approx 0$，具有恒流源的差分放大器对共模信号具有很强的抑制能力。为了表征差动放大器对有用信号（差模信号）的放大作用和对共模信号的抑制能力，通常用一个综合指标来衡量，即共模抑制比：

$$K_{CMR} = \left| \frac{A_{ud}}{A_{uc}} \right| \quad \text{或} \quad K_{CMR} = 20 \lg \left| \frac{A_{ud}}{A_{uc}} \right|_{dB} \tag{2.4.7}$$

差动放大器的输入信号可采用直流信号，也可采用交流信号。本实验由 DDS 信号发生器提供频率 $f=1$ kHz 的正弦信号作为输入信号。

四、实验任务与步骤

按图 2.4.1 连接实验电路，构成具有恒流源的差动放大电路。

1. 测量静态工作点

(1) 调零。信号源不接入，接通 ± 12 V 直流电源，用万用表直流挡测量输出电压 U_o，调节调零电位器 R_p，使 $U_o = U_{C1} - U_{C2} = 0$。$\pm 12$ V 直流电源的接法是：将直流电源第一路的负极和第二路的正极接在一起，并接到电路板上的地。

(2) 测量静态工作点。用万用表测量 V_{T1}、V_{T2}、V_{T3} 各极对地电压，填入表 2.4.2 中。

表 2.4.2　静态工作点的测试

各点对地电压	U_{B3}	U_{E3}	U_{C3}	U_{E1}	U_{E2}	U_{B1}	U_{B2}	U_{C1}	U_{C2}
测量值/V									

2. 测量差模特性

1）单端输入-单端输出

将信号从任意一个输入端输入，另外一个输入端通过 R_{b2} 接地，输出端接 10 kΩ 的负载（单端输出负载为双端输出负载的一半）。连接电路图如图 2.4.2 所示。

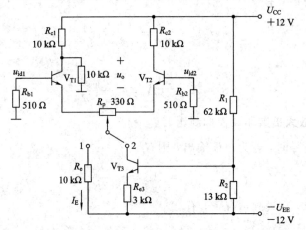

图 2.4.2 单端输入-单端输出

调节 DDS 信号发生器为 $f=1$ kHz，峰峰值 $u_s=0.2$ V 的正弦信号，用示波器测量出 u_{id1}、u_{od1} 的值。注：示波器通道使用"交流"方式。

2）双端输入-双端输出

按图 2.4.1 所示连接电路图。将信号发生器的 CHA 和 CHB 通道分别接入差动放大电路的两个输入端，使两个输入端的信号为一对大小相等、方向相反的信号，输出端接 20 kΩ 的负载。差模信号的调节方法为：信号发生器单频，CHB 通道，A 路谐波（按 2 次），AB 相差为 180°。

调节信号发生器输入为 $f=1$ kHz，CHA、CHB 通道均为 0.1 V（峰峰值），且相位相差 180° 的正弦信号（即 $u_{id1}=u_{id2}=0.1$ V（峰峰值））。此时，用示波器的两个通路同时观察 u_{od1} 和 u_{od2} 的波形，双端输出就是两输出端信号的电位差（注意两输出信号的相位关系）。

用同样的方法测出双端输入-单端输出、单端输入-双端输出差动放大电路的输入、输出信号大小（单端输入-双端输出接线如图 2.4.3 所示，双端输入-单端输出接线如图 2.4.4 所示）。将结果填入表 2.4.3 中。

表 2.4.3 测量电压放大倍数

测量及计算值	输 入		输 出		接入负载	差模电压增益
	u_{id1}（峰峰值）	u_{id2}（峰峰值）	u_{od1}（峰峰值）	u_{od2}（峰峰值）	R_L	A_{ud}
单端输入-单端输出	0.2	0		—	10 kΩ	
单端输入-双端输出	0.2	0			20 kΩ	
双端输入-单端输出	0.1	−0.1		—	10 kΩ	
双端输入-双端输出	0.1	−0.1			20 kΩ	

注意：① 在测量信号大小时，均要保证在输出信号波形不失真的情况下测量。

② 表中负号表示相位相反。

3）单端输入-双端输出

单端输入-双端输出的连接电路如图 2.4.3 所示。

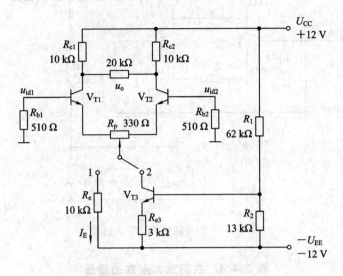

图 2.4.3　单端输入-双端输出

4）双端输入-单端输出

双端输入-单端输出的连接电路如图 2.4.4 所示。

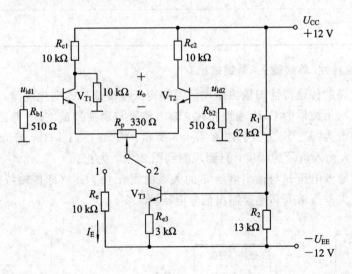

图 2.4.4　双端输入-单端输出

3. 测量共模特性

将输入端 b_1、b_2 短接，接到信号源的输入端。

本实验要求测量单端输出的共模抑制比，连接电路如图 2.4.5 所示。调节 DDS 信号发生器输出 $f = 1\ \text{kHz}$，峰峰值 $u_{ic} = 0.1\ \text{V}$ 和 $0.5\ \text{V}$ 的正弦信号时，用示波器观察输出波形情况，并测量其电压峰峰值。将测量结果填入表 2.4.4 中，求出共模电压放大倍数 A_{uc}，并与单端输入-单端输出时的差模电压放大倍数进行比较，求出共模抑制比。

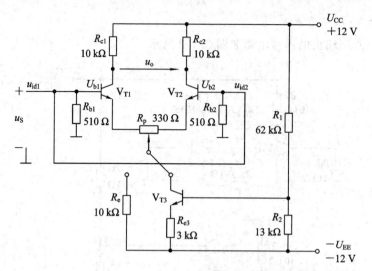

图 2.4.5 测量共模电压放大倍数

表 2.4.4 共模放大倍数的测量

u_{ic}（峰峰值）	u_{oc1}/mV	$A_{uc} = u_{oc1}/u_{ic}$	$K_{CMR} = |A_{ud}/A_{uc}|$
0.1 V			
0.5 V			

4. 测量传输特性（单端输入-单端输出）

差动放大电路的传输特性即输出差模信号随输入差模信号的变化规律。

将输入信号与示波器的 CH1 通路相接，输出信号与示波器的 CH2 通路相接，并将示波器的扫描方式设为"X-Y"方式，如图 2.4.6 所示。输入 $f=1\ \mathrm{kHz}$，峰峰值 $u_{id}=0.1\ \mathrm{V}$ 的信号，逐渐增大输入信号的幅度，直到观测到图 2.4.7 为止。

描绘出差模输入电压 u_i 与输出电压 u_o 的关系曲线 $u_o = f(u_i)$（即传输特性曲线），指出此差放电路的最大差模输入和差模输出信号电压值。

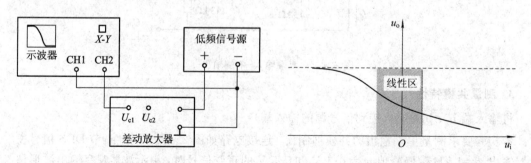

图 2.4.6 传输特性接线图   图 2.4.7 传输特性曲线

五、Multisim 10 仿真分析

启动 Multisim 10，按双端输入-双端输出（即图 2.4.8）连接电路，用示波器同时测量两输入端的波形。

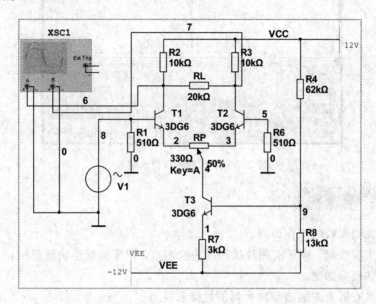

图 2.4.8　仿真电路图

测量双端输出信号波形时，可以采用示波器观察单端输出的波形，再将两波形相减得到双端输出电压波形。两个输出端输出电压的交流成分大小相等，方向相反。由于输出端没有隔直电容，因此输出中叠有直流分量，在此我们设置示波器 A、B 通道的耦合方式为 AC 方式。

双端输出仿真结果如图 2.4.9 所示。细线波形为输入信号波形，粗线波形为输出信号波形，传输特性仿真结果如图 2.4.10 所示。

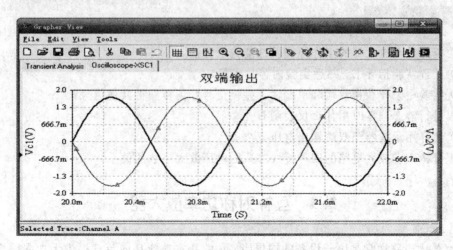

图 2.4.9　双端输出仿真结果

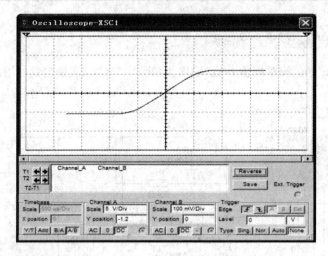

图 2.4.10　传输特性仿真结果

六、实验报告要求

(1) 简单说明实验的工作原理。

(2) 整理实验数据，计算出四种接法的差模增益，用坐标纸绘出波形图。

(3) 计算共模抑制比。

(4) 总结具有恒流源的差动放大器的性能和特点。

七、思考题

(1) R_{p2} 有何作用？

(2) 用固定电阻代替恒流电路，K_{CMR} 与恒流电路相比有何区别？

(3) 能否用示波器直接在 u_{od1} 和 u_{od2} 两点测双端输出 u_o？若不能又如何测量 u_o？

(4) 差动放大电路的四种接法的电压放大倍数有什么关系？

八、预习要求

(1) 复习差动放大器的工作原理及性能分析方法。

(2) 阅读实验指导书，熟悉实验内容与步骤。

(3) 实验中怎样获得双端和单端输入差模信号？怎样获得共模信号？

(4) 进行静态调零时用什么仪表测 U_o？

(5) 怎样用示波器测双端输出电压 u_o？

(6) 分析差动放大电路的四种接线方式的电压放大倍数的关系。

2.5　互补对称功率放大器

功率放大电路通常是电子设备的输出级，它的基本功能是向负载提供大功率输出，即具有一定的输出电压幅度和输出电流能力。因此，在相同的电源电压下，功率放大电路具有两大特点：一是静态功耗低，电源转换效率高；二是输出阻抗低，带负载能力强。

一、实验目的

（1）掌握互补对称功率放大电路的工作原理及基本调试方法。
（2）掌握功率放大电路的主要性能指标的基本分析方法。
（3）理解影响功率放大电路性能指标的常见因素。

二、实验元器件及仪器

1. 元器件

双极型晶体管：9013 2 只，9012 1 只。

二极管：1N4148 2 只。

可选电阻：1 Ω　2 只，20 kΩ　2 只，10 kΩ、510 Ω、8 Ω、330 Ω、100 kΩ 滑动变阻器各 1 个。

电容：100 μF 2 只，10 μF、1000 μF 各 1 只。

扬声器：1 个。

2. 仪器

示波器、直流稳定电源、DDS 信号发生器、数字台式万用表。

三、实验原理

图 2.5.1 采用单电源供电的互补对称功率放大器。图中 V_{T1} 组成前置放大级，V_{T2}、V_{T3} 组成互补对称电路输出级。功率管 V_{T2} 为 NPN 型管，V_{T3} 为 PNP 型管，它们的参数相等，互为对偶关系，均采用发射极输出模式。在输入信号 $u_i = 0$ 时，一般只要调节 R_p 为适当值，就可使 I_{C1}、U_{B2} 和 U_{B3} 达到所需大小，给 V_{T2} 和 V_{T3} 提供一个合适的偏置，从而使 M 点电位 $U_M \approx U_{CC}/2$。

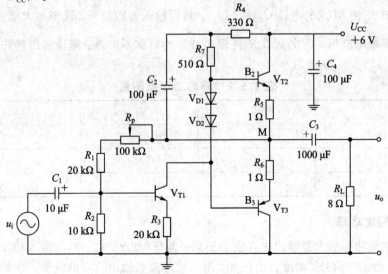

图 2.5.1　互补对称功率放大电路

当有信号 u_i 时，在信号的负半周，V_{T2} 导通，有电流通过负载 R_L，同时向 C_3 充电；在信号的正半周，V_{T3} 导通，则已充电的电容 C_3 起着负电源的作用，通过负载 R_L 放电。

限流保护电阻 $R_5 = R_6 \approx 0$，静态时，通常 M 点电位 $U_M \approx U_{CC}/2$，$U_{B2} - U_{B3} = 2U_D$，电路处于临界导通状态，静态功耗很低。为了提高电路工作点的稳定性能，将 M 点通过电阻分压器(R_1、R_p)与前置放大器的输入相连，以引入负反馈。

两个二极管 V_{D1}、V_{D2} 供给 V_{T2} 和 V_{T3} 一定的正偏压，使两管在静态时处于微导通状态，以克服交越失真。

若令功率管的饱和压降为 U_{CES}，则理想情况下，功率放大器能够输出的最大不失真功率 P_{om}、直流电源提供的功率 P_V、效率 η、最大输出功率时的晶体管总管耗 P_T 分别为

$$P_{om} = \frac{U_{om}^2}{R_L} = \frac{\left(\dfrac{U_{CC} - U_{CES}}{2}\right)^2}{2R_L} \approx \frac{U_{CC}^2}{8R_L} \tag{2.5.1}$$

$$P_V = U_{CC}I_{CC} = \frac{U_{CC}\left(\dfrac{U_{CC} - U_{CES}}{2}\right)}{\pi R_L} \approx \frac{U_{CC}^2}{2\pi R_L} \tag{2.5.2}$$

$$\eta = \frac{P_{om}}{P_V} = \frac{\pi\left(\dfrac{U_{CC} - U_{CES}}{2}\right)}{2U_{CC}} \approx \frac{\pi}{4} \tag{2.5.3}$$

$$P_T \approx P_V - P_{om} \tag{2.5.4}$$

其中，U_{om} 为 R_L 两端最大不失真输出电压的有效值，I_{CC} 是直流电压源提供的平均电流。

四、实验任务与步骤

1. 连接电路

参照图 2.5.1 连接实验电路。

2. 静态工作点的测试

首先调节 R_p 使 M 点的电位 $U_M = \dfrac{1}{2}U_{CC}$，然后输入音频信号，逐渐加大输入信号幅度，用示波器观察输出波形，再次调节 R_p 使输出波形为对称不失真。测量各级静态工作点，记入表 2.5.1。

表 2.5.1　静态工作点测量

	V_{T1}	V_{T2}	V_{T3}
U_B/V			
U_C/V			
U_E/V			

3. 测量额定功率

额定功率指功率放大器输出失真度小于某一数值(如 $\gamma < 3\%$)时的最大功率。输入频率为 $f = 1\ \text{kHz}$ 的正弦信号，幅度自由选择，用示波器观察输出信号的波形。逐渐改变输入信号的幅度，直到刚好使输出波形出现最大不失真为止，此时的输出电压为最大不失真电压

U_{om}（有效值），输出功率为额定功率。根据式(2.5.1)来计算额定功率 P_{om}。用双踪示波器同时观察 u_i 和 u_o 的波形，并完成表 2.5.2 中的内容。

表 2.5.2　测量额定功率

	输出达到要求	波　形
输入信号	u_{im}（有效值）=	u_i
	$f=$	
输出信号	u_{om}（有效值）=	u_o
	$f=$	
	$P_{om}=\dfrac{U_{om}^2}{R_L}=$	

4. 测量效率

效率的计算公式为

$$\eta = \frac{P_{om}}{P_V} \times 100\% \qquad (2.5.5)$$

式中，P_{om} 为输出的额定功率，P_V 为输出额定功率时所消耗的电源功率。

理想情况下，$\eta_{max}=78.5\%$。实验中，可测量出电源供给的平均电流 I_{CC}，从而求得 $P_V=I_{CC}\times U_{CC}$，完成表 2.5.3。

表 2.5.3　测 量 效 率

U_{CC}/V	I_{CC}/mA	P_V/W	$\eta=\dfrac{P_{om}}{P_V}\times100\%$

在测额定功率的基础上，将数字台式万用表置为"DCA"挡(2 A)，串入直流稳压电源与功放电路之间，读出 I_{CC}，测量示意图如图 2.5.2 所示。

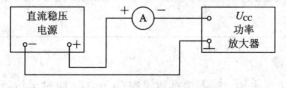

图 2.5.2　I_{CC} 测量示意图

5. 输入灵敏度

输入灵敏度是指输出额定功率时输入信号 u_{im} 的有效值。只要测出输出功率 $P_o = P_{om}$ 时的输入电压值，即可得到输入灵敏度 u_{im}。

6. 频率响应的测量

放大器的幅频特性是指放大器的电压放大倍数 A_u 与输入信号频率 f 之间的关系曲线，设 A_{um} 为中频电压放大倍数，通常规定电压放大倍数随频率变化下降到中频（f_o 为 1000 Hz）放大倍数的 $1/\sqrt{2}$ 倍（即 $0.707A_{um}$，电压增益下降 3 dB）所对应的频率分别称为下限频率 f_L 和上限频率 f_H，则通频带 $BW = f_H - f_L$，称 $f_L \sim f_H$ 为放大器的频率响应，如图 2.5.3 所示。

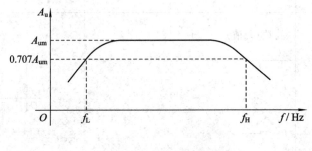

图 2.5.3　幅频特性曲线

实验中，可以通过以下步骤来测量放大器的频率响应。

（1）输入信号频率为 1 kHz，输入信号 u_{im} 的幅度减半，测量此时的输出电压记为 u_{o1}。

（2）保持 u_i 幅度不变，增加信号源的频率 f，约为 1～3 MHz，测量输出电压。当输出电压下降为 $0.707u_{o1}$ 时，对应的信号源频率即为 f_H（可把图中的 A_u 看成 u_{o1}），记下该频率（约为 1～3 MHz），填入表 2.5.3。

（3）保持 u_i 幅度不变，减小信号源的频率 f，约为 10～30 Hz，测量输出电压，当输出电压下降为 $0.707u_{o1}$ 时，对应的信号源频率即为 f_L（可把图中的 A_u 看成 u_{o1}），记下该频率，填入表 2.5.4。

表 2.5.4　实 验 记 录 表

	f_L	f_o	f_H
f/Hz		1000 Hz	
u_{o1}/V			
A_u			

7. 噪声电压的测量

测量时将信号发生器去掉，输入端对地短路（$u_i = 0$），通过示波器观察输出负载 R_L 上的噪声波形，并用交流毫伏表测量输出电压，即为噪声电压 u_N。

五、Multisim 10 仿真分析

图 2.5.4 为分立的 OTL 功率放大仿真电路。

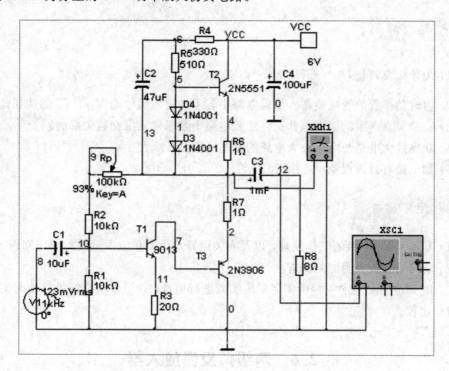

图 2.5.4　互补对称功率放大器仿真电路

图 2.5.5 为互补对称功率放大器的静态工作点仿真结果，图 2.5.6 为最大不失真输出波形的仿真结果。

图 2.5.5　静态工作点仿真结果　　　　　　图 2.5.6　最大不失真输出波形

六、实验报告要求

（1）整理实验数据，计算静态工作点、最大不失真输出功率 P_{om}、效率 η、输入灵敏度等，并与理论值进行比较，画频率响应曲线。

（2）讨论互补对称功率放大电路的特点和调试方法。

（3）对实验中观察到的现象进行讨论。

（4）写出完成本次实验后的心得体会以及对本次实验的改进意见。

七、思考题

（1）为什么要调整 $U_M = \frac{1}{2}U_{CC}$？

（2）何时功率管的管耗最高？实验电路中若不加输入信号则 V_{T2}、V_{T3} 的功耗是多少？

（3）交越失真产生的原因是什么？实验电路中是怎样克服交越失真的？

（4）功率放大电路与电压放大电路的基本区别是什么？

（5）如电路有自激现象，应如何消除？

八、预习要求

（1）复习 OTL 电路的工作原理，以及有关运算放大器单电源运用的理论知识。

（2）复习功率放大器的测试方法。

（3）用 Multisim 软件，对所需完成的实验进行仿真，并记录仿真结果以便与实验所测数据进行比较。

2.6 两级负反馈放大器

负反馈的用途很广，在电子线路的应用中，对改进放大电路的性能起很重要的作用。放大器中的负反馈就是把基本放大电路的输出量的一部分或全部按一定的方式送回到输入回路来影响净输入量，对放大电路起自动调整作用，使输出量趋向于维持稳定。负反馈在电子电路中有着非常广泛的应用，虽然它使放大器的放大倍数降低，但能在多方面改善放大器的动态指标，如稳定放大倍数，改变输入、输出阻抗，减小非线性失真和展宽通频带等。因此，几乎所有的实用放大器都带有负反馈。

一、实验目的

（1）了解负反馈的概念，加深理解放大电路中引入负反馈的方法及负反馈对放大器性能的影响。

（2）掌握负反馈放大器性能的测试方法。

二、实验元器件及仪器

1. 元器件

可选电容：若干。

可选电阻：5.1 kΩ 1 个，3 kΩ 2 个，33 kΩ 2 个，24 kΩ 1 个，100 Ω 1 个，1.8 kΩ 1 个，20 kΩ 1 个，1 kΩ 1 个，510 Ω 1 个。

滑动变阻器：100 kΩ 2 个。

2. 仪器

示波器、直流稳定电源、DDS 信号发生器、数字万用表。

三、实验原理

负反馈放大器有四种组态，即电压串联、电压并联、电流串联、电流并联。本实验电路由两级共射放大电路引入电压串联负反馈。

1. 电压串联负反馈电路

图 2.6.1 为带有负反馈的两级阻容耦合放大电路。当 A、B 间相连时，在电路中通过 R_f 把输出电压 u_o 引回到输入端，加在晶体管 V_{T1} 的发射极上，在发射极电阻 R_4 上形成反馈电压 u_f。该电路属于电压串联负反馈。

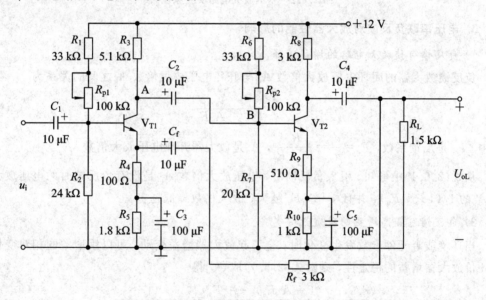

图 2.6.1　负反馈放大器

2. 基本放大电路

怎样实现无反馈而得到基本放大器呢？不能简单地断开反馈支路，而是要考虑反馈网络对放大器的负载效应，即要把反馈网络的影响考虑到基本放大器中。

（1）在画基本放大电路的输入回路时，因为是电压负反馈，所以可将负反馈放大器的输出端交流短路，即令 $u_o=0$，此时 R_f 相当于并联在 R_4 上。

（2）在画基本放大电路的输出回路时，由于输入是串联负反馈，因此需将反馈放大器的输入端（V_{T1} 管的射极）开路，此时 R_f+R_4 相当于并联在输出端。

基本放大电路按图 2.6.2 接线，反馈电阻 R_f 先不接入。

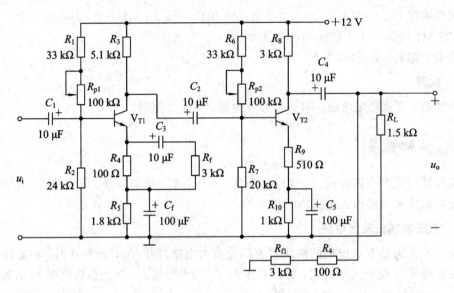

图 2.6.2　基本放大电路实验原理图

3. 电压串联负反馈对放大器性能的影响

1) 负反馈可使放大电路的增益下降

负反馈放大器的闭环电压放大倍数 A_{uf} 与开环电压放大倍数 A_u 之间的关系为

$$A_{uf} = \frac{A_u}{1 + A_u F_u} \qquad (2.6.1)$$

式中，F_u 是反馈系数，$F_u = \dfrac{u_f}{u_o} = \dfrac{R_4}{R_4 + R_f}$，$A_u$ 是放大器开环电压放大倍数。

从式(2.6.1)中可知，引入负反馈后，电压放大倍数 A_{uf} 是没有负反馈时的电压放大倍数 A_u 的 $1/(1 + A_u F_u)$，并且 $1 + A_u F_u$ 越大，放大倍数降低越多。

2) 负反馈可提高增益的稳定性

当环境或者元件参数发生变化时，会引起放大器增益变动，可以用增益的相对变化量来评价放大器增益的稳定性，则对式(2.6.1)取导，得

$$\frac{\mathrm{d}A_{uf}}{\mathrm{d}A_u} = \frac{(1 + A_u F_u) - A_u F_u}{(1 + A_u F_u)^2} = \frac{1}{(1 + A_u F_u)^2}$$

$$\mathrm{d}A_{uf} = \frac{\mathrm{d}A_u}{(1 + A_u F_u)^2} \qquad (2.6.2)$$

式(2.6.2)表明，引进负反馈后，放大器闭环放大倍数 A_{uf} 的相对变化量 $\mathrm{d}A_{uf}/A_{uf}$ 为开环放大倍数的相对变化量 $\mathrm{d}A_u/A_u$ 的 $1/(1 + A_u F_u)$，即闭环增益的稳定性提高了 $1 + A_u F_u$ 倍。

反馈越深，闭环增益的稳定性越好。当 $1 + A_u F_u \gg 1$ 时，称为深度负反馈，则有 $A_{uf} = 1/F_u$。

这说明在深度负反馈的条件下闭环增益只取决于反馈网络，与基本放大电路无关。

3) 负反馈对输入阻抗和输出阻抗的影响

凡属于串联负反馈电路，其输入阻抗都增加，增加的程度与反馈深度 $1 + A_u F_u$ 有关：

$$R_{if} \approx (1 + A_u F_u) R_i \tag{2.6.3}$$

凡属于电压负反馈电路，其输出阻抗都减小，减小的程度与反馈深度 $1 + A_u F_v$ 有关：

$$R_{of} \approx \frac{R_o}{1 + A_u F_u} \tag{2.6.4}$$

四、实验任务与步骤

1. 测量静态工作点

按图 2.6.1 接线(为了减少干扰，请使用尽量短的导线)，调静态工作点，比如可以取 $U_{E1} = 1.5$ V，$U_{E2} = 2$ V，用万用表测量 V_{T1}、V_{T2} 的静态工作点，记入表 2.6.1。信号源输出 $f = 1$ kHz，峰峰值 $u_i = 50$ mV 正弦信号。用示波器监测输出波形，使 u_o 波形不失真。

表 2.6.1　测量静态工作点

U_{B1}/V	U_{E1}/V	U_{C1}/V	U_{B2}/V	U_{E2}/V	U_{C2}/V

2. 测量放大器的放大倍数

分别测量基本放大电路和负反馈放大电路的输入、输出信号大小，完成表 2.6.2 中的内容。

表 2.6.2　放大倍数的测试

基本放大器			负反馈放大器			验　证
u_i	u_{oL}	$A_u = u_{oL}/u_i$	u_i	u_{oL}	$A_{uf} = u_{oL}/u_i$	$A_{uf} = A_u/(1 + A_u F_u)$

3. 测量输入阻抗和输出阻抗

测量输入、输出阻抗的方法可参照 2.2 节，在输出波形 u_o 不失真的情况下，测量 u_s 和 u_i，记入表 2.6.3 中。

表 2.6.3　测量输入阻抗

基本放大器			负反馈放大器			验　证
u_s	u_i	R_i	u_s	u_i	R_{if}	$R_{if} \approx (1 + A_u F_u) R_i$

R_i 的计算式如下：

$$R_i = \frac{u_i}{u_s - u_i} R_s \tag{2.6.5}$$

式中，R_s 为放大电路输入端串联的已知电阻。

在 u_o 不失真的情况下，测量 u_o 和 u_{oL}，记入表 2.6.4 中。

表 2.6.4　测量输出阻抗

基本放大器			负反馈放大器			验　证
u_o	u_{oL}	R_o	u_o	u_{oL}	R_{of}	$R_{of}=R_o/(1+A_uF_u)$

R_o 的计算式如下：

$$R_o = \frac{u_o - u_{oL}}{u_{oL}} R_L \qquad (2.6.6)$$

4. 观察负反馈对非线性失真的改善

先按图 2.6.2 接成基本放大电路，输入峰峰值 $u_i=50$ mV，$f=1$ kHz 的正弦信号，用示波器观察输出波形。逐渐加大输入信号，输出波形将出现轻度的非线性失真，记下此时的波形和输出电压的幅度。再将电路改接成负反馈放大器的形式，逐渐增大输入信号，使输出电压波形达到与基本放大器相同的幅度，观察波形的改善程度，完成表 2.6.5。

表 2.6.5　负反馈对非线性失真的改善

基　本　放　大　器			负　反　馈　放　大　器		
u_i	u_o	波　形	u_i	u_o	波　形

5. 负反馈对频带的影响

先接成基本放大器，输入峰峰值 $u_i=50$ mV，$f=1$ kHz 的正弦信号，记下此时的 u_o。

(1) 逐渐减小输入信号的频率，观察输出幅度 u_o，当 u_o 下降到原来值的 0.707 倍时，记下 f，此时的 f 就是 f_L。

(2) 逐渐增大输入信号的频率，观察输出幅度 u_o，当 u_o 下降到原来值的 0.707 倍时，记下 f，此时的 f 就是 f_H。

(3) 测量负反馈放大器的 f_L，f_H，方法同上，完成表 2.6.6。

表 2.6.6　负反馈对频带的影响

基　本　放　大　器		负　反　馈　放　大　器	
f_L	f_H	f_{Lf}	f_{Hf}

表 2.6.6 中，f_L、f_H 分别表示上、下限截止频率。

放大器的频率特性如图 2.6.3 所示。

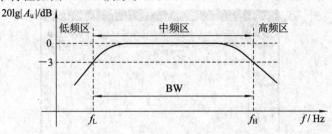

图 2.6.3　放大器的频率特性

通频带：

$$BW = f_H - f_L$$

式中：f_H 为放大器的上限频率，主要受晶体管的结电容及电路的分布电容的限制；f_L 为放大器的下限频率，主要受耦合电容 C_B、C_C 及射极旁路电容 C_E 的影响。负反馈放大器对通频带有展宽的作用。

五、Multisim 10 仿真分析

启动 Multisim 10，按图 2.6.4 所示连接仿真电路。

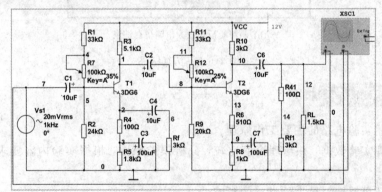

(a) 两级基本放大电路(无反馈)仿真电路图

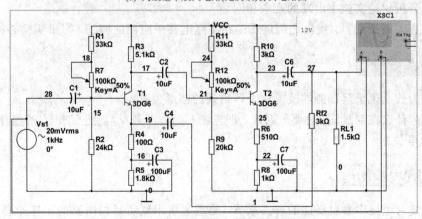

(b) 两级负反馈放大电路仿真电路图

图 2.6.4　电路仿真图

仿真实验结果如图 2.6.5 所示。小波形为输入信号波形，大波形为输出信号波形。

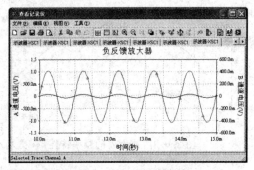

(a) 两级基本放大电路(无反馈)仿真结果

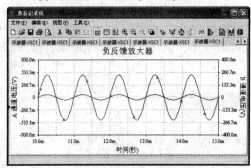

(b) 两级负反馈放大电路仿真结果

图 2.6.5　仿真结果

六、实验报告要求

（1）简述实验电路的主要工作原理。

（2）整理实验数据，并与理论值比较，分析误差原因，根据实验内容要求画出相应波形和曲线。

（3）总结负反馈对放大器性能的影响。

（4）分析讨论实验中出现的现象和问题。

（5）查阅有关资料，找出比例负反馈在实际电路中应用的例子，写出实验心得体会。

七、思考题

（1）为什么说负反馈能够改善放大器出现的波形失真？

（2）为什么在测量 U_{B1} 时要分两步，即先测 U_{BE1}，再测 U_{E1}，然后求 U_B 的值作为 V_{T1} 管基极对地电位？

八、预习要求

（1）复习电压串联负反馈的有关章节，熟悉电压串联负反馈电路的工作原理以及对放大电路性能的影响。

（2）熟悉两级阻容耦合放大电路静态工作点的调整方法。

2.7　集成运算放大器的应用

集成运算放大器是一种高性能多级直接耦合电压放大电路。若在运放电路中引入电压负反馈，则在满足理想运用条件时，在其输入与输出电压间可实现多种线性函数运算关系。

一、实验目的

(1) 研究运算放大器在模拟运算中的比例放大、相加、相减、积分和微分等功能。

(2) 加深对集成运算放大器特性和参数的理解。

(3) 熟悉集成运算放大器的基本线性应用。

(4) 掌握比例运算电路的基本分析方法。

二、实验元器件及仪器

1. 元器件

集成运算放大器：μA741　1 片。

可选电容：若干。

可选电阻：5.1 kΩ 1 只，10 kΩ 3 只，100 kΩ 3 只，1 kΩ、22 kΩ、100 kΩ、680 kΩ 滑动变阻器各 1 个，滑动变阻箱 1 个。

2. 仪器

示波器、直流稳定电源、DDS 信号发生器、数字万用表。

三、实验原理

1. 理想运算放大器的特性

本实验采用的集成运放型号为 μA741(或 F007)，其引脚排列如图 2.7.1 所示，它是八脚双列直插式组件，②脚和③脚为反相和同相输入端，⑥脚为输出端，⑦脚和④脚为正、负电源端，①脚和⑤脚为失调调零端，①、⑤脚之间可接入一只几十 kΩ 到几百 kΩ 的电位器并将滑动触头接到负电源端，⑧脚为空脚。

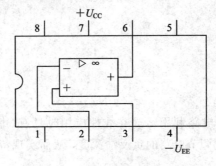

图 2.7.1　μA741 集成运放引脚图

　　图 2.7.2 所示为 μA741 型集成运放的内部电路图。图中差动输入级是由 $V_1 \sim V_6$ 组成的互补共集-共基差动放大电路。纵向的 NPN 管 V_1、V_2 组成共集电极电路,可以提高输入阻抗,横向的 PNP 管 V_3、V_4 组成共基电路,配合 V_5、V_6 和 V_7 组成有源负载,有利于提高输入级的电压放大倍数、最大差模输入电压和扩大共模输入电压的范围。另外,带缓冲级的镜像电流源使有源负载两边电流更加对称,也有利于提高输入级抑制共模信号的能力。电阻 R_2 用来增加 V_7 的工作电流,避免因 V_7 的工作电流过小,使 β_7 下降而减弱缓冲作用。

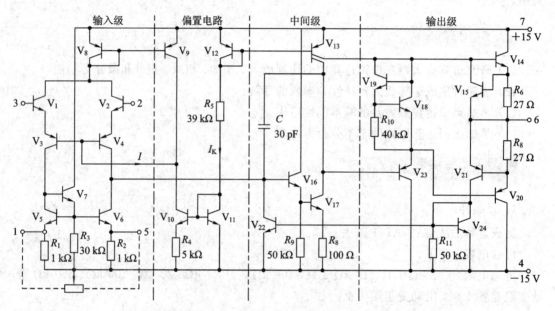

图 2.7.2　μA741 集成运放内部电路图

　　中间级由 V_{16} 和 V_{17} 组成复合管共发射极放大电路,集电极负载为 V_{13} 所组成的有源负载。因有源负载的交流电阻很大,所以本级可以得到较高的电压放大倍数,同时由于射极电阻的存在,且 V_{17} 接于 V_{16} 的发射极的接法也使该级电路具有较大的输入阻抗。V_{17} 的集电极与 V_{16} 基极间的电容 C 用作相位补偿,以消除自激,通常容量较小。

　　由 V_{14} 和 V_{20} 组成互补对称输出级,V_{18} 和 V_{19} 接成二极管的形式,利用 V_{18} 和 V_{19} 的 PN 结压降使 V_{14} 和 V_{20} 处于微导通状态,以消除交越失真。

　　在集成运放的输入端、输出端之间加上反馈网络可实现各种不同的电路功能。本实验主要研究一些集成运放的基本线性应用电路,研究的前提是基于运放理想化,即电路的 $R_i \approx \infty$,$I_i \approx 0$,$U_+ \approx U_-$。

2. 基本运算电路

1) 比例运算电路

比例运算的运算通式为

$$u_o = Ku_i \tag{2.7.1}$$

　　由运放构成的比例运算电路利用运放在线性应用时具有"虚断($i_+ = i_- = 0$)"、"虚短($u_+ - u_- = 0$)"的特点,通过调节电路的负反馈深度,从而实现特定的电压放大倍数,即比例系数 K。

(1) 反相比例运算电路。

为运放引入电压并联负反馈即可实现反相比例运算，如图 2.7.3 所示。由"虚短"和"虚断"的概念可知，运放的 $u_+ = u_- = 0$（简称"虚地"），说明运放的共模输入电压接近于 0。

根据负反馈理论和"虚断"、"虚地"的概念，很容易求得反相比例运算电路的基本性能指标：

$$A_u = \frac{u_o}{u_i} = -\frac{R_f}{R_1} \tag{2.7.2}$$

$$R_i = R_1 \tag{2.7.3}$$

$$R_o \rightarrow 0 \tag{2.7.4}$$

由式 (2.7.2) 可知，反相比例运算电路的比例系数 $K < 0$，说明电路的输入、输出信号总存在反相的关系，这与输入信号 u_i 通过电阻 R_1 送入运放的反相输入端一致。当 $R_f = R_1$ 时，$K = -1$，就构成了反相器。反相比例运算电路的共模输入电压很小，带负载能力又很强，不足之处是它的输入阻抗不是很高，使用时要注意。为了保障电路的运算精度，设计电路时除了要选用高精度运放，还要选用稳定性好的高精度电阻器。电阻的取值不宜太小，一般在几十千欧至几百千欧范围内。为了进一步减小失调现象，要求在零输入情况下电路的结构对称，运放的反相等效输入阻抗 R_- 应等于同相等效输入阻抗 R_+，即 $R_1 /\!/ R_f = R_p$。

在集成运放的输入、输出端之间加上反馈网络可实现各种不同的电路功能。典型的反相比例运算电路如图 2.7.3 所示。

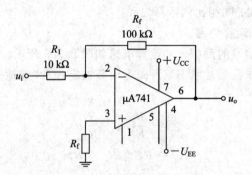

图 2.7.3　反相比例运算电路

图 2.7.3 中，$+U_{CC} = +12$ V，$-U_{EE} = -12$ V。

(2) 同相比例运算电路。

若为运放引入电压串联负反馈，则可实现同相比例运算。典型的同相比例运算电路如图 2.7.4 所示。由"虚短"、"虚断"的概念可推知，运放的 $u_- = u_+ = u_i$，说明运放的共模输入电压取决于输入信号的大小。

同相比例运算电路的基本性能指标为

$$A_u = \frac{u_o}{u_i} = 1 + \frac{R_f}{R_1} \tag{2.7.5}$$

$$R_i = \infty \tag{2.7.6}$$

$$R_o = 0 \tag{2.7.7}$$

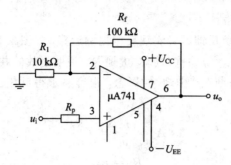

图 2.7.4 同相比例运算电路

同相比例运算电路的比例系数 $K \geqslant 1$，说明电路的输入与输出信号为同相关系，这与输入信号 u_i 通过电阻 R 送入运放的同相输入端相吻合。当 $R_f = 0$ 或者 $R_1 = \infty$ 时，$K = 1$，就构成了同相电压跟随器。同相比例电路由于具有较高的输入阻抗、较低的输出阻抗，常被用作系统电路的缓冲级或隔离级。与反相比例电路类似，要实现同相比例运算，对运放和电阻的精度有较高的要求，电阻的取值范围一般在几十千欧到几百千欧，并且要求电路的平衡对称电阻相等，即 $R_- = R_+$，$R_1 /\!/ R_f = R_p$。

2）求和、差运算电路

求和运算的运算通式为

$$u_o = \sum \pm K_i u_{ii} \qquad (2.7.8)$$

式中，$i = 1, 2, 3, 4, \cdots$。

显然，它是多个反相、同相比例运算之和。

（1）反相、同相求和运算电路。

具有两路反相输入信号的反相求和运算电路如图 2.7.5 所示。由于电路引入了电压并联负反馈，使得运放工作在线性状态，因而运用叠加定理和"虚地"、"虚断"的概念，可求得电路的函数运算式：

$$u_o = -\frac{R_f}{R_1} u_{i1} - \frac{R_f}{R_2} u_{i2} \qquad (2.7.9)$$

$$R_p = R_1 /\!/ R_2 /\!/ R_f \qquad (2.7.10)$$

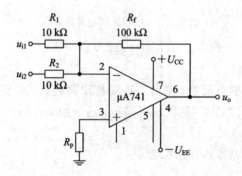

图 2.7.5 反相求和电路

具有两路同相输入信号的同相求和运算电路如图 2.7.6 所示。由于电路引入了电压串联负反馈，因此在满足运放两输入端平衡电阻 $R_1 /\!/ R_2 = R_p /\!/ R_f$ 的条件下，同样可以运用叠加定理和"虚短"、"虚断"的概念求得电路所实现的函数运算式：

$$u_o = \frac{R_f}{R_1}u_{i1} + \frac{R_f}{R_2}u_{i2} \tag{2.7.11}$$

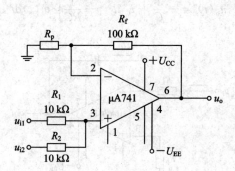

图 2.7.6　同向求和电路

　同相求和运算电路中的比例系数 K_i 总是大于等于 0。当电阻 $R_f = R_1 = R_2$ 时，式 (2.7.11) 可以表示为：$u_o = u_{i1} + u_{i2}$。

（2）减法器（差动放大器）。

　差动放大器电路如图 2.7.7 所示。当运算放大器的同相端和反相端分别输入信号 u_{i1} 和 u_{i2} 时，输出电压 u_o 为

$$u_o = -\frac{R_f}{R_1}u_{i1} + \left(1 + \frac{R_f}{R_1}\right)\frac{R_p}{R_2 + R_p}u_{i2} \tag{2.7.12}$$

式中，$R_p = R_f = 100\ \text{k}\Omega$，输出电压为

$$u_o = \frac{R_f}{R_1}(u_{i2} - u_{i1}) \tag{2.7.13}$$

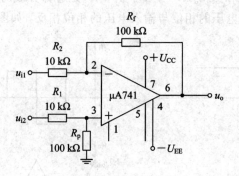

图 2.7.7　减法运算电路

3）积分和微分运算电路

　积分与微分运算电路除了可用于数学运算，还常被用于波形的产生与变换，以及自控系统中的调节环节。

（1）积分运算电路。

　利用电容电压与电容电流的积分成正比的关系，可得到如图 2.7.8 所示的反相积分电路的原理图。根据反相输入端为"虚地"的概念，有

$$i_{\mathrm{i}} = \frac{u_{\mathrm{i}}}{R_1} = i_C \qquad (2.7.14)$$

因此，积分运算的通式为

$$u_{\mathrm{o}}(t) = -\frac{1}{C}\int_0^t i_C\mathrm{d}t = -\frac{1}{RC}\int_0^t u_{\mathrm{i}}(t)\mathrm{d}t \qquad (2.7.15)$$

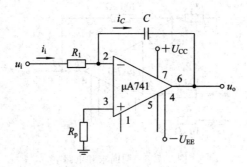

图 2.7.8　反相积分电路

输出电压是输入电压的积分，其中积分常数为

$$\tau = RC \qquad (2.7.16)$$

积分器的输入阻抗为 $R_{\mathrm{i}} = R = R_1$。为了减少输入偏置电流的影响，同相端的平衡电阻应取 $R_{\mathrm{p}} = R_1$。当 $u_{\mathrm{i}}(t)$ 的波形是幅度为 E 的阶跃电压时，有

$$u_{\mathrm{o}}(t) = -\frac{1}{R_1 C}\int_0^t E\mathrm{d}t = -\frac{Et}{R_1 C} \qquad (2.7.17)$$

式(2.7.17)说明，在阶跃电压的作用下，输出电压的相位与输入电压的相位相反，输出电压 $u_{\mathrm{o}}(t)$ 随着时间的增长而线性下降，直到放大器出现饱和，如图 2.7.9(a)所示。由式(2.7.17)可知，当 $t = R_1 C$ 时，$u_{\mathrm{o}}(t) = -E$。当 $u_{\mathrm{i}}(t)$ 是对称方波时，输出电压 $u_{\mathrm{o}}(t)$ 的波形为对称的三角波，且输出电压的相位与输入电压的相位相反，如图 2.7.9(b)所示。

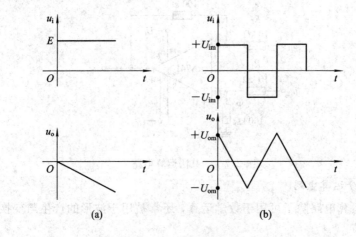

图 2.7.9　积分电路的输入与输出波形

为了限制电路的低频增益，减少失调电压的影响，可在图 2.7.8 所示的电路中，给电容并联一个电阻 R_{f}，就得到了一个实用的积分电路，如图 2.7.10 所示。其中，平衡电阻 $R_{\mathrm{p}} = R_1 /\!/ R_{\mathrm{f}}$。

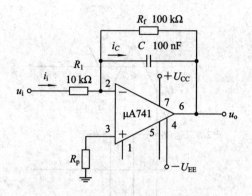

图 2.7.10 实用积分电路

（2）微分运算电路。

微分器可以实现对输入信号的微分运算，微分是积分逆运算，因此把积分器中的 R 与 C 的位置互换，就组成了最简单的微分器，如图 2.7.11 所示。

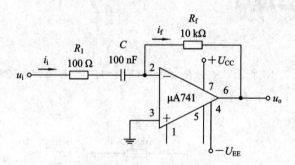

图 2.7.11 微分电路

根据反相端为"虚地"的概念，由图 2.7.11 可得

$$i_C = C \frac{\mathrm{d}u_i}{\mathrm{d}t} \tag{2.7.18}$$

$$i_i = i_f \tag{2.7.19}$$

所以

$$u_o(t) = -i_f R_f = -R_f C \frac{\mathrm{d}u_i}{\mathrm{d}t} \tag{2.7.20}$$

时间常数 $\tau = R_f C$。式(2.7.20)中的负号表示运放为反相接法。

由于电容 C 的容抗随输入信号的频率升高而减小，结果是，输出电压随频率升高而增加。为限制电路的高频电压增益，在输入端与电容 C 之间接入一小电阻 R_1，当输入频率低于 $\dfrac{1}{2\pi R_1 C}$ 时，电路起微分作用；若输入频率远高于 $\dfrac{1}{2\pi R_1 C}$，则电路近似一个反相放大器，高频电压增益为

$$A_{uf} = -\frac{R_f}{R_1} \tag{2.7.21}$$

若输入电压为一对称三角波，则输出电压为一对称方波，其波形关系如图 2.7.12 所示。

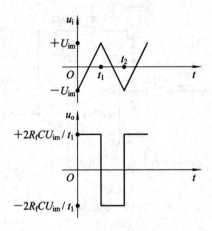

图 2.7.12　三角波-方波变换波形

四、实验任务与步骤

1. 电路调零

调零电路如图 2.7.13 所示，$R_p = R_1 /\!/ R_f$，$U_{CC} = 12$ V，$U_{EE} = -12$ V。用万用表直流电压挡测量输出电压 u_o，调节 R_p 使 $u_o = 0$ V。

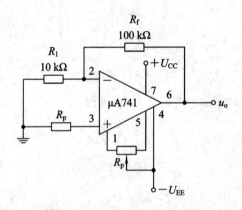

图 2.7.13　调零电路

输入为直流信号时，需要调零；输入为交流信号时，可以不用调零。本实验我们输入的都是交流信号，因此可以不用调零，也就是将 1、5 脚悬空不接电位器 R_p 即可。

2. 反向比例运算放大电路

（1）按图 2.7.3 连接实验电路，接通 ±12 V 直流电源，平衡电阻 $R_p = R_1 /\!/ R_f$，R_p 可由电路板上的 10 kΩ 电位器调节后获得。

（2）输入 $f = 1000$ Hz，（峰峰值）$u_i = 0.5$ V 的正弦交流信号，测量相应的 u_o，并用双踪示波器观察 u_i 和 u_o 的相位关系，记入表 2.7.1，其闭环电压增益 $A_{uf} = -\dfrac{R_f}{R_1}$。

表 2.7.1　反相比例放大器

u_i(峰峰值)/V	u_o(峰峰值)/V	u_i/u_o波形	A_{uf}	
			实测值	理论值

3. 同相比例运算电路

（1）按图 2.7.4 连接实验电路，接通±12 V 直流电源，平衡电阻 $R_p = R_1 /\!/ R_f$。

（2）输入 $f = 1000$ Hz，峰峰值 $u_i = 0.5$ V 的正弦交流信号，测量相应的 u_o，并用双踪示波器观察 u_i 和 u_o 的相位关系，记入表 2.7.2，其闭环电压增益 $A_{uf} = 1 + \dfrac{R_f}{R_1}$。

表 2.7.2　同相比例放大器

u_i(峰峰值)/V	u_o(峰峰值)/V	u_i/u_o波形	A_{uf}	
			实测值	理论值

4. 反相加法运算电路

（1）按图 2.7.5 连接实验电路，接通±12 V 直流电源，平衡电阻 $R_p = R_1 /\!/ R_2 /\!/ R_f$，$u_o$ 的理论计算如式(2.7.9)。

（2）输入信号采用交流信号，由信号发生器的 CHA 通道和 CHB 通道输入，调节输入信号电压，使得峰峰值 $u_{i1} = 0.2$ V，峰峰值 $u_{i2} = 0.3$ V，根据电路测量结果，记入表 2.7.3。

表 2.7.3　反 相 加 法 器

u_{i1}/V	u_{i2}/V	u_o/V	
		理论值	实测值

5. 减法运算电路

(1) 按图 2.7.7 连接实验，接通 ±12 V 直流电源，注意此时，$R_1 /\!/ R_2 = R_p /\!/ R_f$，$u_o$ 的理论计算如式(2.7.13)。

(2) 输入信号采用正弦信号，由信号发生器的 CHA 通道和 CHB 通道输入，调节输入电压，使得峰峰值 $u_{i1} = 0.2$ V，峰峰值 $u_{i2} = 0.3$ V，根据电路测量结果，记入表 2.7.4。

表 2.7.4 加 法 器

u_{i1}/V	u_{i2}/V	u_o/V	
		理论值	实测值

6. 积分运算电路

(1) 按图 2.7.10 连接实验电路，接通 ±12 V 直流电源，平衡电阻 $R_p = R_1 /\!/ R_f$，u_o 的理论计算如式(2.7.17)。

(2) 输入峰峰值为 1 V 的方波信号，并用双踪示波器同时观察 u_i 和 u_o 的波形，记入表 2.7.5。

表 2.7.5 积 分 电 路

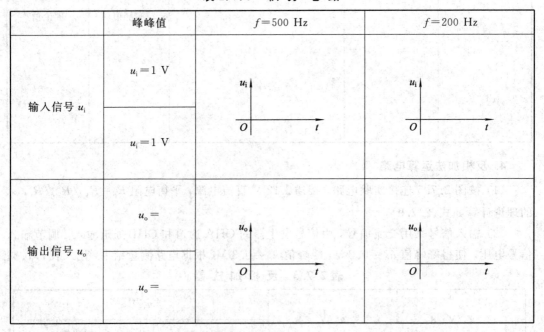

	峰峰值	$f = 500$ Hz	$f = 200$ Hz
输入信号 u_i	$u_i = 1$ V		
	$u_i = 1$ V		
输出信号 u_o	$u_o =$		
	$u_o =$		

7. 微分运算电路

(1) 按图 2.7.11 连接实验电路，接通 ±12 V 直流电源，u_o 的理论计算如式(2.7.20)。

(2) 输入峰峰值为 1 V 的三角波信号，并用双踪示波器同时观察 u_i 和 u_o 的波形，记入表 2.7.6。

表 2.7.6　微 分 电 路

	峰-峰值	$f=500\ Hz$	$f=200\ Hz$
输入信号 u_i	$u_i=1\ V$	u_i	u_i
	$u_i=1\ V$		
输出信号 u_o	$u_o=$	u_o	u_o
	$u_o=$		

五、Multisim 10 仿真分析

1. 电路调零

1）编辑原理电路

用于仿真分析的运放调零电路如图 2.7.14 所示。$\mu A741$ 可在 Multisim 10 模拟器件库 (Analog) 的运算放大器 (OPAMP) 系列中查找到。

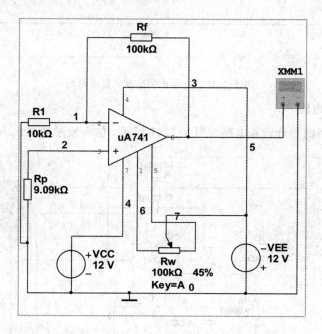

图 2.7.14　电路调零运算仿真电路

2）静态工作点分析

对运放的反相端、同相端、输出端（结点 2、3、6）进行直流工作点分析。

2. 反相比例运算放大电路

用于仿真分析的反相比例运算电路如图 2.7.15 所示，仿真波形如图 2.7.16 所示。

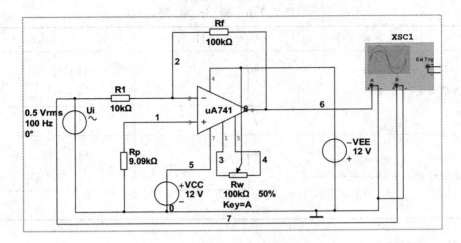

图 2.7.15　反相比例运算仿真电路

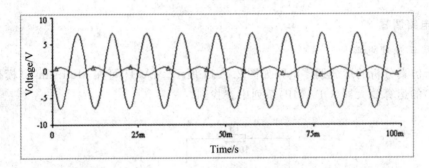

图 2.7.16　反相比例运算仿真波形图

3. 积分运算电路

用于仿真分析的积分运算电路如图 2.7.17 所示，仿真波形如图 2.7.18 所示。

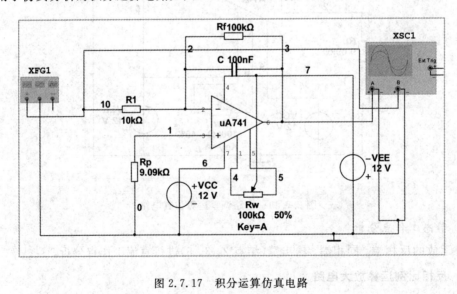

图 2.7.17　积分运算仿真电路

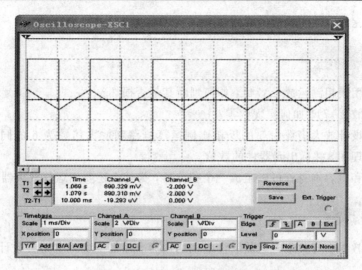

图 2.7.18　积分运算三角波转换为方波

4. 微分运算电路

用于仿真分析的微分运算电路如图 2.7.19 所示，仿真波形如图 2.7.20 所示。

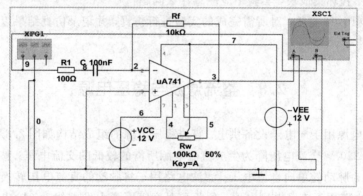

图 2.7.19　微分运算仿真电路

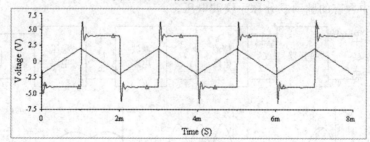

图 2.7.20　微分运算三角波转换为方波

六、实验报告要求

(1) 整理实验数据，用坐标纸描绘出波形图（注意波形间的相位关系）。

(2) 将理论计算结果与实测数据相比较，分析产生误差的原因。

(3) 分析讨论实验中出现的现象和问题。

（4）写出完成本次实验后的心得体会以及对本次实验的改进意见。

七、思考题

（1）用万用表粗测运放 μA741，如何判断其是否损坏？

（2）对运放 μA741 如何实现调零？

（3）如何设计放大倍数为 5 的反相比例运算电路和放大倍数为 6 的同相比例运算电路，请画出原理图，并标出元器件的数值。

（4）电阻和电容本身就可以组成一个积分器，为什么还要用运算放大器？

八、预习要求

（1）复习教材中有关集成运放线性应用的内容，并根据实验电路参数计算各电路输出电压的理论值。

（2）理解典型运算电路的基本设计和调试方法。

（3）选择使用所需的仪器设备，重温它们的基本使用方法。

（4）为了不损坏集成块，实验中应注意什么问题？

（5）用 Multisim 软件，对所需完成的实验进行仿真，并记录仿真结果以便与实验所测数据进行比较。

2.8　整流滤波与稳压电源

直流稳压电源用于向电子设备供电。直流稳压电源的组成结构如图 2.8.1 所示。图中，变压器用于将 220 V 交流电压降为生成直流电源所需的较低的交流电压；整流电路用于将交流电源转换为脉动的单向直流电压；滤波电路用于将脉动的直流电压转换为较平滑的直流电压；稳压电路用于克服电网电压、负载和温度等因素引发的扰动，输出稳定的直流电压。直流电源中含有的脉动成分称为纹波电压。

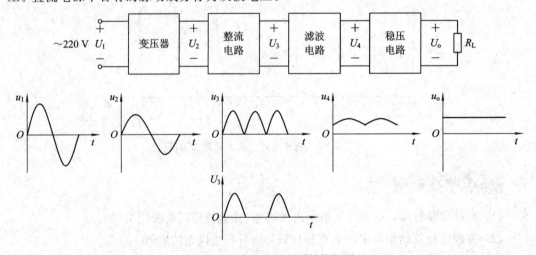

图 2.8.1　直流稳压电源结构框图

一、实验目的

(1) 熟悉单相交流电的整流过程。
(2) 了解电容的滤波作用。
(3) 掌握整流、滤波、稳压电路的工作原理及基本调试方法。
(4) 掌握整流、滤波、稳压电路性能指标的基本测试方法。
(5) 理解影响整理、滤波、稳压电路性能指标的常见因素及其一般故障的产生原因。

二、实验元器件及仪器

1. 元器件

集成稳压器：317 1 只。
二极管：1N4001 6 只。
普通电容：470 μF 1 只，1 μF 1 只，330 nF 1 只。
可选电阻：120 Ω 1 只，150 Ω 1 只。
变阻器：3.3 kΩ、330 Ω 滑动变阻器各 1 个，滑动变阻箱 1 个。

2. 仪器

示波器、毫伏表、直流稳压电源、低频信号源、数字万用表。

三、实验原理

1. 整流电路

利用二极管的单向导电性，将交流电转变成单方向的脉动直流电压。常用的整流电路有半波整流和全波整流两种。本实验用的是全波整流。

全波整流电路如图 2.8.2 所示。此时四只二极管形成电桥结构，V_{D1}、V_{D2} 管和 V_{D3}、V_{D4} 管分别在工频电压的正、负半周轮流导通，因此输出电压和输出电流的平均值分别高于半波整流时的 1 倍，即

$$U_o = 0.9U_2 \tag{2.8.1}$$

$$I_o = \frac{0.9U_2}{R_L} \tag{2.8.2}$$

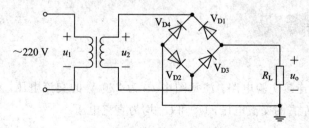

图 2.8.2　桥式全波整流

整流电路所需的二极管，一般根据流经管子的平均电流和其所承受的最大反向电压选取。为了保证二极管安全工作，其参数的选取应至少留有 10% 的余量。

2. 滤波电路

减少整流输出电压中的脉动成分，通常是利用电容或电感的储能作用，保留或提供其中的直流分量，而滤除或削弱其中的交流分量。电容滤波电路适用于负载电流较小且电流值变化也较小的场合。为了提高滤波效果，滤波电容的容量越大越好，一般选用几百至几千微法的电解电容，且其耐压应至少满足 $2u_2$ 的要求。

3. 稳压电路

对于稳压电路部分，有些实验采用的是分立器件组成的电路，但由于集成稳压器集基准电压、调整电路、比较放大电路、取样电路、过载保护环节等于一体，故体积小，成本低，工作可靠，通用性强。本实验采用的是集成稳压器构成的直流稳压电源。

集成稳压器的种类很多，三端稳压器使用方便，因而获得了人们的青睐。三端稳压器是有三个引出端脚（输入端、输出端、公共端）的线性稳压器，如图 2.8.3 所示。利用 LM317 三端稳压器和取样电阻 R_1、R_{p1} 构成另一种可调的稳压电路，如图 2.8.4 所示。稳压器的基准电压是 1.25 V，最小输出电流为 5 mA，故取样电阻最大值为 250 Ω。若忽略调整端的电流 I_A，则调节可变电阻 R_{p1} 可获得 1.25～37 V 的额定输出电压，即

$$U_o = U_{R_{p1}} + 1.25 = \left(1 + \frac{R_{p1}}{R_1}\right) \times 1.25 \tag{2.8.3}$$

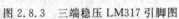

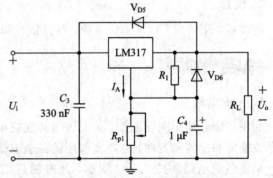

图 2.8.3　三端稳压 LM317 引脚图　　　　图 2.8.4　稳压值可调的稳压电路

为了获得稳定的输出电压，要求三端稳压器 LM317 的输入电压和输出电压之差为 3～40 V，额定输出电流为 0.1～1.5 A。C_3 是消振电容，C_4 电容用于消减 $U_{R_{p1}}$ 中的脉动分量。在输入端与输出端间接入二极管 V_{D5}，用于防止输入端短路时电容 C_4 对稳压器方向放电，致使稳压器损坏。二极管 V_{D6} 用于输出端短路时为电容 C_4 提供放电通路。

四、实验任务与步骤

1. 连接电路

参照图 2.8.5 连接实验电路。注意图中 u_1 为 220 V 的交流电压，u_2 根据实验要求可得 15 V 或 7.5 V 左右的交流电压，U_i 和 U_o 均为直流电压。

2. 整流滤波部分

(1) 断开滤波电容 C_1 和稳压部分电路，桥式整流后直接接 $R = 330\ \Omega + 150\ \Omega$ 的负载，如图 2.8.6 所示。

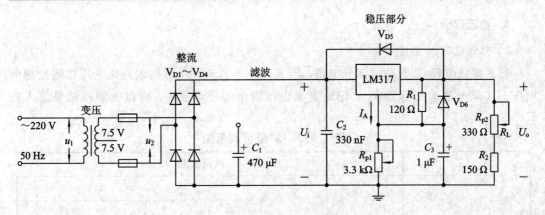

图 2.8.5　直流稳压电路原理图

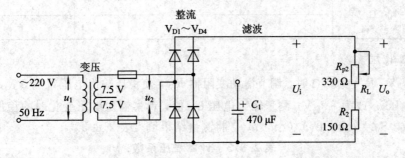

图 2.8.6　整流滤波电路

（2）接通交流电源，用示波器观察 u_2 和 U_i 的波形，示波器测量 U_i 的纹波幅度。

（3）用万用表的直流电压挡测量 U_i 的值，交流电压挡测量 u_2 的值。

（4）接入滤波电容 C_1，重复步骤（2）、（3）的内容。

将以上测得结果填入表 2.8.1。

表 2.8.1　整流滤波电路

	u_2		U_i		
	波　形	电压值/V	波形分析	电压值/V	纹波值/mV
未接入 C_1					
接入 C_1					

3. 稳压部分

1) 可调范围测量

接入滤波电容 C_1 及稳压部分电路，当 $R_L = 150\ \Omega$ 时，用万用表直流电压挡测量输出电压 U_o，调节滑动变阻器 R_{p1}，记录直流电压输出的可调范围。将以上测得结果填入表 2.8.2。

表 2.8.2　测量可调范围

		U_o 可调范围	
	u_2	U_o	
		最小值/V	最大值/V
$R_L = 150\ \Omega$	15 V		
	7.5 V		

2) 计算稳压系数

$u_2 = 15\ \text{V}$，$R_L = 150\ \Omega$ 时，调节滑动变阻器 R_{p1}，使稳压输出电压 $U_o = 5\ \text{V}$，然后将变压器次级电压 u_2 改为 7.5 V，测量输出电压 U_o 值，观察输入电压变化时的稳压性能，计算稳压系数，$S_V = (\Delta U_o / U_o) / (\Delta u_2 / u_2)$，将测量结果填入表 2.8.3。

表 2.8.3　计算稳压系数

	稳 压 性 能		
U_o	u_2	U_o	稳压系数 S_u $S_u = (\Delta U_o / U_o) / (\Delta u_2 / u_2)$
$R_L = 150\ \Omega$	15 V	5 V	
	7.5 V		

3) 输出阻抗 R_o

保持 $u_2 = 15\ \text{V}$ 不变，当 $R_L = 150\ \Omega$ 时，调节滑动变阻器 R_{p1} 的值，使输出电压 $U_o = 5\ \text{V}$，改变滑动变阻器 R_{p2} 的值，使 $R_L = 150\ \Omega + 330\ \Omega = 480\ \Omega$ 时，观察负载大小变化时的稳压性能，将测量结果填入表 2.8.3。输出阻抗为 $R_o = \left(\dfrac{U_o}{U_{oL}} - 1 \right) R_L$。

表 2.8.4　计算输出阻抗

$R_L = \infty$	$R_L = 150\ \Omega$	R_o
$U_o =$	$U_{oL} =$	$R_o =$

4) 纹波电压抑制比 S_n 的测量

S_n 反映稳压部分对输入端引入的交流纹波电压的抑制能力。在输出电压 $U_o = 5\ \text{V}$，负载电阻 $R_L = 150\ \Omega$ 的条件下，用示波器测量输出电压纹波峰峰值 u_o 和输入电压峰峰值 u_i。纹波电压抑制比 $S_n = 20\ \lg \dfrac{u_i}{u_o} (\text{dB})$。将测量结果填入表 2.8.5。

表 2.8.5 纹波电压抑制比

u_2	峰峰值 u_o	峰峰值 u_i	S_n
15 V			

注意：(1) 切忌带电接线或带电拆线。

(2) 在观测波形时，必须将示波器与实验板电路共"地"(黑夹子接"地")。当观察信号，既有交流分量，又有直流分量时，"Y 轴输入耦合"应放在"DC"挡上，并调整好显示屏上的 Y 轴零点。

(3) 正确选择仪表及其量程。特别注意区分电路哪些是交流分量，哪些是直流分量，以便正确选用电表。

(4) 为防止因使用不当而烧坏万用表，本次实验要求：用数字万用表或电工实验箱中表头测量电流；而测量交、直流电压用数字式万用表；测量纹波电压用示波器。

(5) 不能用示波器同时测量两个波形。

五、Multisim 10 仿真分析

鉴于仿真软件 Multisim 元件库较多，下面介绍直流稳压电源仿真电路图中一些元器件所在的库。仿真电路图如图 2.8.7 和图 2.8.8 所示。变压器 T_1 在基本元件库(Basic)的变压器系列(TRANSFORMER)中。变压器 T 与整流管 $V_{D1} \sim V_{D4}$ 间串入的熔断器 F 存放在电源库(Power)的熔断器(FUSE)系列中，单刀单掷开关 J_1、J_2 存放在基本元件库(Basic)的开关(SWITCH)系列中。通过开关按键切换 J_1、J_2 的状态，分析滤波电容 C_1、C_2 对滤波效果的影响。三端稳压器 LM317H 存放在电源库(Power)的基准电压(voLTAGE_REGULATOR)系列中。

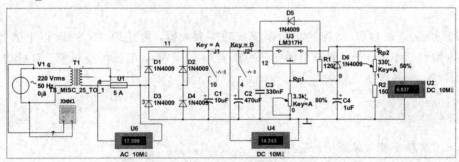

图 2.8.7 直流稳压电源仿真电路

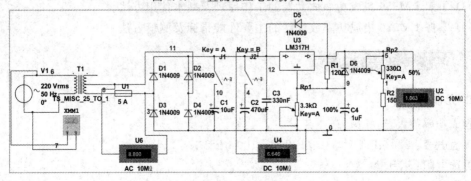

图 2.8.8 直流稳压电源仿真电路

六、实验报告要求

(1) 整理实验数据，并与理论值比较，分析误差原因。
(2) 了解滤波电容大小对改善纹波性能的作用。
(3) 写出对 LM317H 集成稳压器的实验体会。
(4) 写出完成本次实验后的心得体会以及对本次实验的改进意见，并回答思考题。

七、思考题

(1) 整流电路的基本原理是什么？如何选择整流二极管？请举例说明。
(2) 若整流二极管中某个管子开路、短路或反接，将会对电路产生何种影响？
(3) V_{D5}、V_{D6} 在电路中的作用是什么？
(4) 如何在集成稳压电路中扩展输出电流和采取过流保护措施？

八、预习要求

(1) 预习教材中有关整流、滤波、稳压电路的基本工作原理及其性能指标含义。
(2) 根据实验任务要求，估算三端稳压电路的输出电压可调范围、稳压系数。
(3) 用 Multisim 软件对所需完成的实验进行仿真，并记录仿真结果以便与实验所测数据进行比较。

2.9　集成功率放大器

LM386 是一种 OTL 结构的小功率集成功率放大器，可处理 300 kHz 以下的音频信号，最大输出功率为 1 W，具有电源电压范围宽(4～16 V)、电压增益可调、自身功率低、外接元件少、饱和电压小和失真度低等优点。

一、实验目的

(1) 了解功率放大集成块的应用。
(2) 理解集成功率放大电路的基本性能指标及特点。
(3) 了解 LM386 集成功率放大器的工作原理及基本使用方法。
(4) 掌握 LM386 集成功率放大器的主要性能指标及测量方法。

二、实验元器件及仪器

1. 元器件

集成功率放大器：LM386 1 片。
普通电容：220 μF 1 只，10 μF 2 只，100 μF 2 只。
可选电阻：若干。
变阻器：22 kΩ、100 kΩ 滑动变阻器各 1 个，滑动变阻箱 1 个。

蜂鸣器(8 Ω)：1 个。

2. 仪器

示波器、毫伏表、直流稳压电源、低频信号源、数字万用表。

三、实验原理

LM386 是集成 OTL 型功放电路的常见类型，与通用型集成运放的特性相似，是一个三级放大电路：① 输入级由 V_{T1}、V_{T2} 组成差分电路，双入单出，V_{T3}、V_{T4} 管为其偏置电路，V_{T5}、V_{T6} 是它的恒流源负载；② 中间级是驱动级，由 V_{T7} 管组成共射放大电路，该管集电极带有恒流源负载；③ 输出级是由 V_{T8}～V_{T10} 管组成的准互补功放电路，其中 V_{T8}、V_{T9} 复合成等效 PNP 型管，V_{D1}、V_{D2} 是输出级的小偏置电路。LM386 的内部电路图如图 2.6.1 所示。

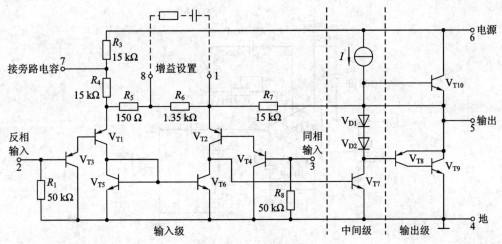

图 2.9.1 LM386 内部电路

LM386 引脚排列示意图如图 2.9.2 所示。图中，引脚 2 为反相输入端；引脚 3 为同相输入端；引脚 4 为接地端；引脚 5 为输出端；引脚 6 为工作电源引入端；引脚 1 与 8 为电压增益设定端；引脚 7 与地之间串接旁路电容，旁路电容容值一般取 10 μF。

图 2.9.2 LM386 引脚排列示意图

由 LM386 组成的集成功放典型电路如图 2.9.3 所示，它的电压放大倍数 A_u 是由 1 脚和 8 脚间的外接元件确定的。当 1 脚和 8 脚间开路时，其电压放大倍数约为 20；当 1 脚和 8

脚间仅接有电容 $C=10\ \mu\mathrm{F}$ 时，其电压放大倍数约为 200；当 1 脚和 8 脚间接有电容 $C=$ $10\ \mu\mathrm{F}$ 和电阻 R（见图 2.9.1）时，其放大倍数在 20～200 之间，计算公式为

$$A_{\mathrm{u}} = 2 \times \left(1 + \frac{15\ \mathrm{k\Omega}}{1.35\ \mathrm{k\Omega}\ /\!/\ R + 150\ \Omega}\right) \tag{2.9.1}$$

图 2.9.3 中，电容 C_1 用于放大倍数较高时削弱电源纹波对电路的影响；7 脚所接的电容 C_3 是为了防止电路自激振荡而设置的旁路电容；负载所接的 C_5、R_1 构成相位补偿网络，用于提高电路的稳定性，防止产生高频自激；输入电位器 R_p 用于调节功放的输入信号，即输出音量的大小；6 脚为电源端；信号由 3 脚输入，经内部放大后，由 5 脚输出送往负载。当电源为 9 V，负载为 8 Ω 时，其最大输出大于 1 W。若认为电路的饱和压降为零，则输入电压灵敏度约为

$$U_{\mathrm{im}} = \frac{U_{\mathrm{om}}}{A_{\mathrm{u}}} = \frac{U_{\mathrm{CC}}/2\sqrt{2}}{A_{\mathrm{u}}} \tag{2.9.2}$$

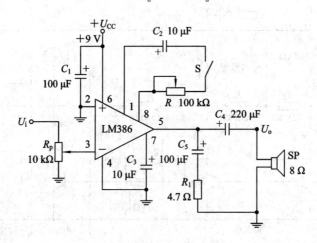

图 2.9.3　集成功率放大电路

四、实验任务与步骤

1. 连接电路

参照图 2.9.3 连接实验电路。选择 $U_{\mathrm{CC}}=9$ V，将开关 S 闭合，在直流电源 U_{CC} 与电路间串入万用表（电流 10 A 挡）。检查电路无误后接通电源。实验中随时观察万用表上的直流电流，如果发现芯片发热或电流过大，应立即关断电源，检查电路。

2. 静态测试

未接入输入信号（$U_\mathrm{i}=0$），用万用表的直流挡测量电路静态输出电流，以及各个引脚的静态（即各引脚对地）工作电压，填入表 2.9.1。

表 2.9.1　测量静态工作点

	U_1/V	U_2/V	U_3/V	U_4/V	U_5/V	U_6/V	U_7/V	U_8/V	I_5/mA
测量值									

3. 动态测试

1) 最大不失真输出功率 P_{om}（额定功率）

输入端接 $f=1$ kHz，幅度为 10 mV 左右的正弦信号，输出端用示波器观察输出电压波形，逐渐增大输入电压的幅度，直至刚刚出现失真为止，用示波器和毫伏表测量输入、输出电压幅度，填入表 2.9.2。

表 2.9.2　测量额定功率

信　号	峰–峰值	有效值	波　形
输入信号 u_i	$u_i=$	$u_{im}=$	
输出信号 u_o	$u_o=$	$u_{om}=$	
	$P_{om}=\dfrac{u_{om}^2}{R_L}=$		

2) 输入灵敏度

输入灵敏度是指输出最大不失真功率时的输入信号 u_i 的有效值。只要测出输出功率 $P_o=P_{om}$ 时的输入电压值，即可得到输入灵敏度 u_{im}。

3) 测量总效率 η

当输出电压为最大不失真输出时，读出万用表中显示的直流电流值，此电流即为直流电源供给的平均电流 I_{CC}，由此可近似求得 $P_u=I_{CC}\times U_{CC}$，再根据上面测得的 P_{om}，即可求出 $\eta=P_{om}/P_u\times100\%$。

4) 频率响应

放大器的幅频特性是指放大器的电压放大倍数 A_u 与输入信号频率 f 之间的关系曲线。设 A_{um} 为中频电压放大倍数，通常规定电压放大倍数随频率变化下降到中频（f_o 为 1000 Hz）放大倍数的 $1/\sqrt{2}$ 倍，即 $0.707A_{um}$（电压增益下降 3 dB）所对应的频率分别称为下限频率 f_L 和上限频率 f_H，则通频带 BW $=f_H-f_L$，$f_L\sim f_H$ 和 A_u 的函数关系称为放大器的频率响应，如图 2.9.4 所示。

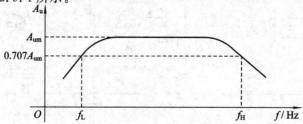

图 2.9.4　幅频特性曲线

实验中，由于输入信号的幅度不变，故可以通过以下步骤来测量放大器的频率响应。输入信号频率为 1 kHz，调节 u_i 的幅度，使输出电压约为测量额定功率时所对应最大输出的 50%，然后保持 u_i 幅度不变，只调节信号源的频率 f，从 0 Hz～8 MHz 变化，找到下降为 $0.707A_{um}$ 倍的输出电压点 f_L 和 f_H（可把图中的 A_u 看成 u_o），记下该频率，填入表 2.9.3。

表 2.9.3　测量上、下截至频率

	f_L	f_o	f_H
f/Hz		1000 Hz	
u_o/V			
A_u			

5）噪声电压 U_N

当放大器的输入为零时，输出负载 R_L 上的电压称为噪声电压 U_N。测量方法是：测量时将信号发生器去掉，使输入端对地短路（$U_i = 0$）。示波器观测输出负载 R_L 两端的电压波形。用交流毫伏表测量其有效值，该值即为噪声电压值 U_N（该值越小越好）

6）断开开关 S，粗略观察增益

断开开关 S，粗略观察增益，并与开关 S 闭合时相比较（选做）。

五、Multisim 10 仿真分析

鉴于仿真软件 Multisim 元件库中无元件 LM386，故在此我们用另一元件 TDA2030 代替 LM386，重新设计一个功率放大器。重新设计的功率放大器的仿真电路图如图 2.9.5 所示。

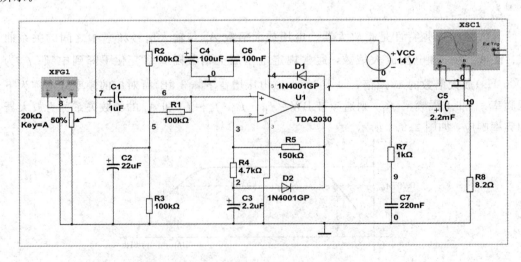

图 2.9.5　集成功率放大器仿真电路

测试输入信号及输出波形，如图 2.9.6 所示。

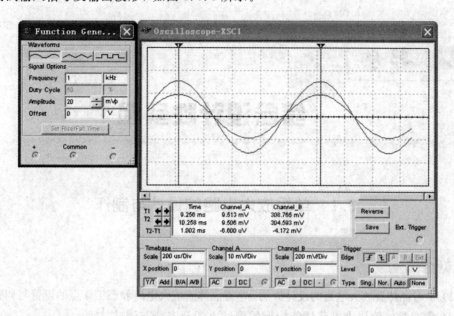

图 2.9.6　输入及输出测试信号波形

六、实验报告要求

（1）整理实验数据，并与理论值比较，分析误差原因。

（2）画频率响应曲线，并在曲线上标注 f_L 与 f_H 值。

（3）写出完成本次实验后的心得体会以及对本次实验的改进意见。

七、思考题

（1）相比于分立功放电路，集成功放电路的主要优点是什么？

（2）分析图 2.9.3 中 5 个电容的用途。

（3）在测量噪声电压时，能否通过导线直接将输入端对地短路？为什么？

（4）LM386 的输出阻抗大约为多少？其有功耗吗？该芯片的饱和压降 U_{CES} 为多少？

（5）当 $R=10$ kΩ 时，图 2.9.3 所示电路的电压放大倍数大约是多少？

八、预习要求

（1）复习集成 OTL 型功放电路 LM386 的内部电路构成及原理。

（2）根据本次实验选用电路，预先估算该功放电路的 P_{om}、P_u、η。

（3）用 Multisim 软件对所需完成的实验进行仿真，并记录仿真结果以便与实验所测数据进行比较。

第 3 部分

综合设计性实验

3.1 单级放大电路的设计与制作

一、实验目的

（1）学习晶体管放大电路的设计方法，掌握晶体管放大电路静态工作点的设置与调整方法。

（2）掌握晶体管放大电路性能指标的测试方法及安装与调试技术。

二、设计任务

已知 $U_{CC}=+12$ V，$R_L=2$ kΩ，$u_i=10$ mV（有效值），设计一个静态工作点可调的单级放大电路，要求电路稳定性好。

三、设计要求

电压放大倍数：$A_u>30$。

输入阻抗：$R_i>2$ kΩ。

输出阻抗：$R_o<3$ kΩ。

上、下截止频率：$f_L<20$ Hz，$f_H>500$ kHz。

四、设计指导

单级放大电路多采用电阻分压式共射极偏置电路，参考电路如图 3.1.1 所示。电路的 Q 点主要由 R_{B1}、R_{B2}、R_C 及 U_{CC} 决定。

静态工作点稳定的必要条件：$I_1 \gg I_{BQ}$，$U_{BQ} \gg U_{BEQ}$。在共射极放大电路中，通过为三极管提供稳定的静态工作点 U_{BQ}，进而提供稳定的静态电流 I_{BQ}，通常的方法是调整上偏置电阻 R_{B1} 来获得稳定的静态电流 I_{BQ}。工程上一般取 $U_{BQ}=3\sim5$ V，$I_1=(5\sim10)I_{BQ}$，偏置电阻应满足 $(1+\beta)R_E \approx 10R_B$，

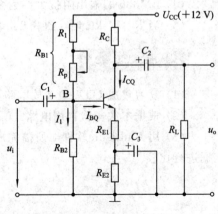

图 3.1.1 共射极放大电路

式中 $R_B = R_{B1} /\!/ R_{B2}$。

设计小信号放大器时，一般取 $I_{CQ} = 0.5 \sim 2$ mA，$U_{BQ} = (0.2 \sim 0.5)U_{CC}$。由此可得

$$R_E \approx \frac{U_{BQ} - U_{BEQ}}{I_{CQ}} = \frac{U_{EQ}}{I_{EQ}} \tag{3.1.1}$$

$$R_{B2} = \frac{U_{BQ}}{I_1} = \frac{U_{BQ}}{(5 \sim 10)I_{CQ}}\beta \tag{3.1.2}$$

$$R_{B1} = \frac{U_{CC} - U_{BQ}}{U_{BQ}}R_{B2} \tag{3.1.3}$$

R_C 由 R_o 及 A_u 确定：

$$R_C \approx R_o$$

$$|A_u| = \beta \frac{R_C /\!/ R_L}{r_{be} + (1+\beta)R_{E1}} \tag{3.1.4}$$

电路的频率响应由电路中的电容确定。若放大电路的下限频率 f_L 已知，可按下式估算电容 C_1、C_2、C_3 的值：

$$C_1 \geqslant (3 \sim 10)\frac{1}{2\pi f_L r_{be}} \tag{3.1.5}$$

$$C_2 \geqslant (3 \sim 10)\frac{1}{2\pi f_L(R_C + R_L)} \tag{3.1.6}$$

$$C_3 \geqslant (1 \sim 3)\frac{1}{2\pi f_L\left(R_E /\!/ \dfrac{r_{be}}{1+\beta}\right)} \tag{3.1.7}$$

通常取 $C_1 = C_2$，取 C_1、C_2 中较大者作为 C_1（或 C_2）。

五、仿真与调试要求

（1）要求所设计的电路用 Multisim 进行仿真分析。

（2）电路要进行装配、调试、验收。

六、实验设备

（1）计算机：一台。

（2）示波器：一台。

（3）DDS 信号发生器：一台。

（4）直流稳定电源：一台。

（5）交流毫伏表：一台。

（6）数字万用表：一块。

七、实验报告要求

（1）按设计性实验报告要求书写实验报告，给出设计方案并验证方案的可行性，对所设计的电路用 EWB 或 Multisim 仿真。

（2）整理所测数据。

（3）将理论值与实际值比较，分析误差。

3.2　音频功率放大器的设计与制作

一、实验目的

（1）了解集成功率放大器的工作原理，掌握外围电路的设计。
（2）掌握功率放大器的设计方法与性能参数的测试方法。

二、设计任务

用 TDA2030 集成块设计一个功率放大器。

三、设计要求

（1）12 V 电源供电。
（2）频率响应：40 Hz～14 kHz。
（3）额定功率：大于 1 W（失真小于 0.5%，$R_L=8\ \Omega$）。
（4）效率：大于 40%。
（5）输入灵敏度：小于 200 mV。
（6）扩展设计一：
①　±15 V 双电源供电 BTL 音频功率放大器。
②　频率响应：20 Hz～15 kHz。
③　额定功率：大于 25 W（失真小于 0.5%，$R_L=8\ \Omega$）。
④　效率：大于 40%。
（7）扩展设计二：增加一前置放大器，要求有高低音调节，输入灵敏度小于 10 mV，并能与上面的功率放大器配合使用。

四、设计指导

TDA2030A 是德律风根生产的音频功放电路，采用 V 形 5 脚单列直插式塑料封装结构，如图 3.2.1 所示。TDA2030A 按引脚的形状可分为 H 形和 V 形。该集成电路广泛应用于汽车立体声收录音机、中功率音响设备，具有体积小、输出功率大、失真小等特点，并具有内部保护电路。意大利 SGS 公司、美国 RCA 公司、日本日立公司、

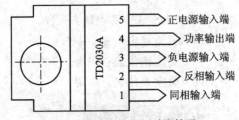

图 3.2.1　TDA2030A 引脚情况

NEC 公司等均有同类产品生产，虽然其内部电路略有差异，但引脚位置及功能均相同，可以互换。

图 3.2.2 为音频功率放大器的参考电路。图 3.2.2 中，C_3 是输入耦合电容；R_1、R_6 是 TDA2030A 同相输入端的偏置电阻；R_5、R_7 决定了该电路交流负反馈的强弱及闭环增益，

该电路闭环增益为 $(R_5 + R_7)/R_7 = (4.7 + 150)/4.7 = 33$ 倍；C_7 起隔直流作用，以使电路直流为 100% 负反馈，静态工作点稳定性好；C_1、C_2 为电源旁路电容，防止电路产生自激振荡；R_4、C_6 用以在电路接有感性负载扬声器时，保证高频稳定性，从而保护二极管，防止输出电压峰值损坏集成块 TDA2030A。表 3.2.1 列出了设计电路的主要参考元器件。

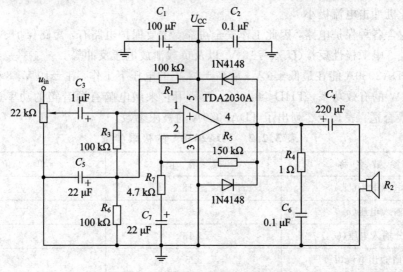

图 3.2.2　音频功率放大器参考电路

表 3.2.1　主要参考元器件

元　　件	名　　称	数　量	备　注
电　　阻	4.7 kΩ	1	
	100 kΩ	3	
	150 kΩ	2	
2 W 电阻	1 Ω	1	
	8.2 Ω	1	代替喇叭
小电位器	22 kΩ	1	取消
电　　容	电解电容 1 μF/25 V	1	
	电解电容 22 μF/25 V	2	
	电解电容 100 μF/25 V	1	
	电解电容 220 μF/25 V	1	
	0.1 μF/63 V	2	
二极管	1N4148	2	
IC	TDA2030A	1	
单面覆铜板(PCB)	60 mm×70 mm	1	
焊锡丝	100 cm	1	
插针		6	测试用

图 3.2.2 所示电路具有以下特点：

(1) 外接元件非常少。

(2) 输出功率大，$P_o = 18$ W（$R_L = 4$ Ω）。

(3) 采用超小型封装（TO-220），可提高组装密度。

(4) 开机冲击电流极小。

(5) 内含各种保护电路，因此工作安全可靠。主要保护电路有：短路保护、热保护、地线偶然开路、电源极性反接（$U_{smax} = 12$ V）以及负载泄放电压反冲等。

(6) TDA2030A 能在最低 ±6 V、最高 ±22 V 的电压下工作，在 ±19 V、8 Ω 阻抗时能够输出 16 W 的有效功率，THD≤0.1%。无疑用它来做电脑有源音箱的功率放大部分或小型功放最合适。表 3.2.2 列出了 TDA2030A 的极限参数。

表 3.2.2 TDA2030A 的极限参数

参 数 名 称	极 限 值	单 位
电源电压（U_s）	±18	V
输入电压（u_{in}）	U_s	V
差分输入电压（U_{di}）	±15	V
峰值输出电流（I_o）	3.5	A
耗散功率（P_{tot}）（U_{di}）	20	W
工作结温（T_j）	−40～+150	℃
存储结温（T_{stg}）	−40～+150	℃

注意事项如下：

(1) TDA2030A 具有负载泄放电压反冲保护电路，如果电源电压的峰值超过 40 V，那么在 5 脚与电源之间必须插入 LC 滤波器和二极管用于限压，以保证 5 脚上的脉冲串维持在规定的幅度内。

(2) 限热保护有以下优点，输出过载（甚至是长时间的）或者环境温度超过时均起保护作用。

(3) 与普通电路相比较，散热片可以有更小的安全系数。万一结温超过时，也不会对器件有所损害，如果发生这种情况，P_o（当然还有 P_{tot}）和 I_o 就被减少。

(4) 印制电路板设计时必须较好地考虑地线与输出的去耦，因为这些线路有大的电流通过。

(5) 装配时散热片之间不需要绝缘，引线长度应尽可能短，焊接温度不得超过 260℃，焊接时间不得超过 12 s。

(6) 虽然 TDA2030A 所需的元件很少，但所选的元件必须是品质有保障的元件。

思考：

(1) 要改变频率响应有什么方法？

(2) 要改变额定功率有什么方法？

(3) 要改变电路增益有什么方法？

五、仿真与调试要求

(1) 要求所设计的电路用 Multisim 进行仿真分析。

(2) 电路要进行装配、调试、验收。

(3) 制作并测试(测量方法参考 2.5 节)。

六、实验设备

(1) DDS 信号发生器。

(2) 示波器。

(3) 数字万用表。

(4) 直流稳定电源。

(5) 计算机。

七、实验报告要求

(1) 设计过程及用 Multisim 进行仿真分析。

(2) 整理所测数据。

(3) 将理论值与实际值比较,分析误差。

3.3　集成电路、分立元件混合放大器的设计

一、实验目的

(1) 掌握集成电路、分立元件混合放大器的设计方法。

(2) 学会安装、调试电子电路小系统。

二、设计任务

设计与制作由集成电路、分立元件组成的混合放大器。

三、设计要求

1. 基本要求

设计集成电路、分离元件单声道混合放大器,使用+12 V、−12 V 稳压电源。性能指标要求达到:

(1) 频率范围:(40 Hz～20 kHz)±3 dB。

(2) 额定输出功率:≥1 W(8 Ω、1 kHz)。

(3) 效率:≥40%。

(4) 在输入端交流短路接地,输出端交流信号的峰峰值小于等于 50 mV。

针对以上要求,设计并完善电路,最后要求调试好,测试其静态工作点及性能指标(电压放大倍数、输入灵敏度、额定输出功率、效率、频响、噪声电压、输入阻抗、输出阻抗)。

2. 发挥部分

设计集成电路、分离元件单声道混合放大器,使用+12 V、−12 V 稳压电源。性能指标要求如下:

(1) 频率范围:(20 Hz～100 kHz)±3 dB。

（2）输出功率：≥4 W(8 Ω、1 kHz)。

（3）效率：≥50%。

（4）在输入端交流短路接地，输出端交流信号的峰峰值小于等于 20 mV。

3. 制作要求

（1）给出设计方案，验证方案的可行性，对所设计的电路用 Multisim 仿真。

（2）选择合适的元器件。

（3）制作 PCB 板时要求在电路板上腐蚀出学号、姓名，自己焊接、安装、调测。

（4）电路稳定、测完数据后经老师验收电路板，并上交给指导教师。

四、设计指导

由于条件限制，提供如下参考电路（如图 3.3.1～图 3.3.4 所示）。

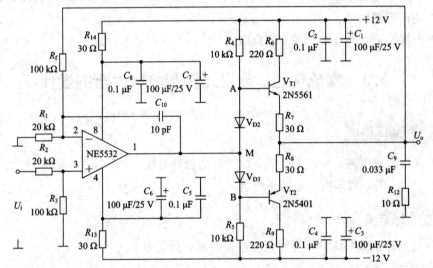

图 3.3.1 集成电路、分立元件混合放大器基本参考电路

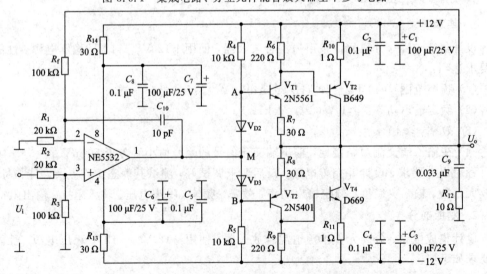

图 3.3.2 互补对称功率管的第二级无集电极偏置电阻

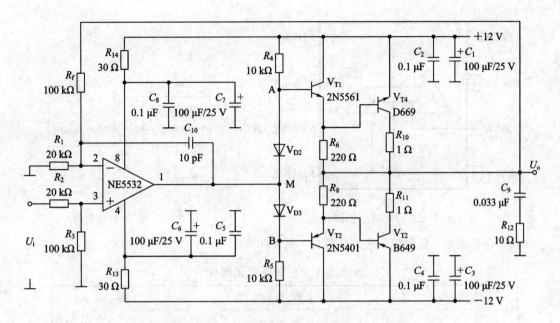

图 3.3.3　互补对称功率管集电极无偏置电阻

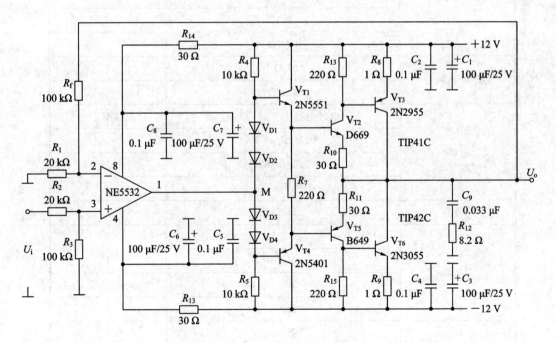

图 3.3.4　具有三级互补对称功率管

主要元器件引脚如图 3.3.5 和图 3.3.6 所示。

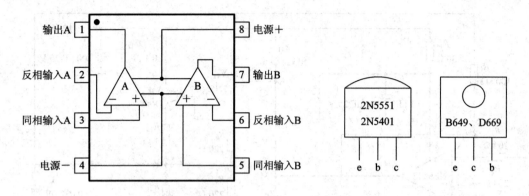

图 3.3.5　NE5532 引脚　　　　　　图 3.3.6　三极管引脚

由于条件限制,提供如下主要元器件,见表 3.3.1。

表 3.3.1　主要参考元器件

元　件	名称(型号)	数　量
1/2 W 电阻	20 kΩ	2
	100 kΩ	2
	10 kΩ	2
	30 Ω	2
	220 Ω	2
2 W 电阻	1 Ω	2
	8.2 Ω	2
电容	电解电容 100 μF/25 V	4
	0.1 μF/63 V	4
	0.033 μF/63 V	1
	10 pF/63 V	1
二极管	1N4148	4
三极管	2N5551	1
	2N5401	1
	B649	1
	D669	1
IC	NE5532	1
印制板	100 mm×60 mm	1
IC 插座	2×4DOP	

五、仿真与调试要求

（1）要求所设计的电路用 Multisim 进行仿真分析。

（2）电路要进行装配、调试、验收。

（3）制作并测试（测量方法参考 2.5 节）。

六、实验设备

（1）DDS 信号发生器：一台。

（2）示波器：一台。

（3）直流稳定电源：一台。

（4）台式数字万用表：一台。

（5）计算机：一台。

七、实验报告要求

（1）按设计性实验报告要求书写实验报告，所设计电路用 EWB 或 Multisim 仿真分析。

（2）整理所测数据。

（3）将理论值与实际值比较，分析误差。

3.4　集成运算放大器应用电路的设计

一、实验目的

（1）加深对集成运算放大器特性和参数的理解。

（2）熟悉集成运算放大器的基本线性应用。

（3）掌握比例运算电路的设计、分析方法。

二、设计任务

用 μA741 集成块设计和制作一个单电源电压放大器。

二、设计要求

放大倍数为 11，输入阻抗 R_i 大于等于 200 kΩ。

已知：输入信号的峰峰值 $U_i = 0 \sim 1.2$ V，负载 $R_L = 3$ kΩ。

四、设计指导

1. 工作原理

反相比例放大器是最基本的应用电路，如图 3.4.1 所示，其闭环电压增益 $A_{uf} = -R_7 / R_{10}$。

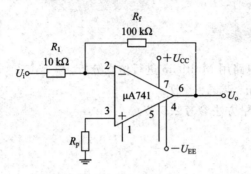

图 3.4.1　反相比例放大器

同相比例放大器是最基本的应用电路，如图 3.4.2 所示，其闭环电压增益 $A_{uf} = 1 + R_7/R_{10}$。

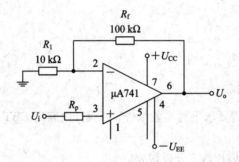

图 3.4.2　同相比例放大器

2. 设计举例

用 μA741 集成块设计一个单电源同相电压放大器，已知输入信号 $U_i = 0 \sim 0.4$ V，负载 $R_L = 2$ kΩ，要求放大倍数 $A_u = 15$，确定 R_f。

μA741M、μA741I、μA741C（单运放）是高增益运算放大器，用于军事、工业和商业应用。这类单片硅集成电路器件提供输出短路保护和闭锁自由运作。

μA741M、μA741I、μA741C 芯片引脚和工作说明如图 3.4.3 所示。图中，1 和 5 为偏置（调零端），2 为反向输入端，3 为正向输入端，4 为接地，6 为输出，7 为接电源，8 为空脚。

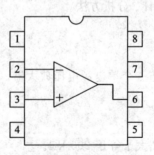

图 3.4.3　μA741 引脚图

（1）确定分压电阻。

图 3.4.4 为 μA741 构成的单电源供电的同相交流电压放大器。图中，电阻 R_1、R_2 为偏置电阻，用来设置放大器的静态工作点。为获得最大动态范围，通常使同相端的静态工作点 $U_+ = \frac{1}{2}U_{CC}$，即

$$U_+ = \frac{R_1}{R_1 + R_2}U_{cc} = \frac{1}{2}U_{cc}$$

取 $R_1 = R_2 = 10$ kΩ，R_3 决定电路的输入阻抗，取 $R_3 = 100$ kΩ。

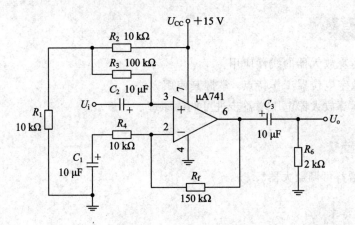

图 3.4.4　参考电路

（2）确定电源电压。

因为输入信号的峰峰值 $U_i = 0 \sim 0.8$ V，$A_u = 15$，则信号最大输出电压为 12 V，所以单电源要取 +15 V。

（3）确定 R_f。

因为 $A_u = 1 + R_f/R_4 = 15$，所以
$$R_f = (A_u - 1)R_4 = (15 - 1) \times 10 = 140 \text{ kΩ}$$

取系列值，$R_f = 150$ kΩ。

该放大器的输入阻抗高，也不需要调零。

五、实验设备

（1）DDS 信号发生器：一台。

（2）双踪示波器：一台。

（3）直流稳压电源：一台。

（4）X9313 数字电位器板：一块。

（5）电阻箱：一台。

（6）台式数字万用表：一台。

六、实验报告要求

（1）按设计性实验报告要求书写实验报告，给出设计方案及验证方案的可行性，对所设计的电路用 EWB 或 Multisim 仿真。

（2）整理所测数据。

（3）将理论值与实际值比较，分析误差。

3.5 基于数字电位器的增益可调放大器的设计

（1）理解运算放大器的线性应用。
（2）了解数字电位器工作特点，掌握其使用方法。
（3）理解运算放大器电压增益步进可调的原理。

设计一个增益可调放大器。

（1）增益范围为 $1 \sim 10$。
（2）画出电路原理图。
（3）计算电路元件的参数。
（4）拟定测试方案。

1. 集成运算放大器

集成运算放大器是一种具有高电压放大倍数的直接耦合多级放大电路。当外部接入不同的线性或非线性元器件组成输入和负反馈电路时，可以灵活地实现各种特定的函数关系。在线性应用方面，可组成比例、加法、减法、积分、微分、对数等模拟运算电路。

在大多数情况下，将运放视为理想运放，就是将运放的各项技术指标理想化。满足下列条件的运算放大器称为理想运放。

开环电压增益 $A_{ud} = \infty$，输入阻抗 $R_i = \infty$，输出阻抗 $R_o = 0$，带宽 $BW = \infty$，失调与漂移均为零。

理想运放在线性应用时具有两个重要特性：

（1）输出电压 U_o 与输入电压之间满足关系式 $U_o = A_{ud}(U_+ - U_-)$。由于 $A_{ud} = \infty$，而 U_o 为有限值，因此 $U_+ - U_- \approx 0$。即 $U_+ \approx U_-$，称为"虚短"。

（2）由于 $R_i = \infty$，因此流进运放两个输入端的电流可视为零，即 $I_{iB} = 0$，称为"虚断"。这说明运放对其前级吸取电流极小。

上述两个特性是分析理想运放应用电路的基本原则，可简化运放电路的计算。

下面介绍基本运算电路。

1) 反相比例运算电路

电路如图 3.5.1 所示。对于理想运放，该电路的输出电压与输入电压之间的关系为

$U_o = -\dfrac{R_f}{R_1}U_i$，为了减小输入级偏置电流引起的运算误差，在同相输入端应接入平衡电阻 $R_2 = R_1 /\!\!/ R_f$。

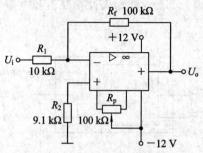

图 3.5.1　反相比例运算电路

2）反相加法电路

电路如图 3.5.2 所示，输出电压与输入电压之间的关系为 $U_o = -\left(\dfrac{R_f}{R_1}U_{i1} + \dfrac{R_f}{R_2}U_{i2}\right)$，$R_3 = R_1 /\!\!/ R_2 /\!\!/ R_F$。

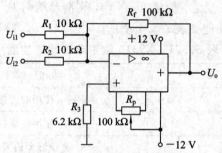

图 3.5.2　反相加法运算电路

3）同相比例运算电路

图 3.5.3(a)是同相比例运算电路，它的输出电压与输入电压之间的关系为 $U_o = \left(1 + \dfrac{R_f}{R_1}\right)U_i$，$R_2 = R_1 /\!\!/ R_f$。

当 $R_1 \rightarrow \infty$ 时，$U_o = U_i$，即得到如图 3.5.3(b)所示的电压跟随器。图中 $R_2 = R_f$，用以减小漂移和起保护作用。一般 R_f 取 10 kΩ，R_f 太小起不到保护作用，太大则会影响跟随性。

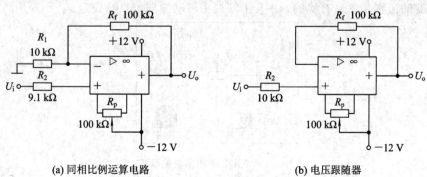

(a) 同相比例运算电路　　　　　　　　　　　(b) 电压跟随器

图 3.5.3　同相比例运算电路

2. X9313 数字电位器

X9313 为工业级的 32 抽头数字电位器,最大阻值为 10 kΩ,采用 8 引脚。X9313 结构框图如图 3.5.4 所示。它由输入部分、非易失性存储器和电阻阵列三部分组成。

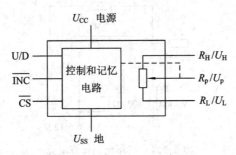

图 3.5.4 X9313 结构框图

两个顶脚引线分别接 R_H 和 R_L,中间抽头为 R_p。$\overline{INC}$、$U/\overline{D}$ 和 $\overline{CS}$ 为三个控制端。$\overline{CS}$ 为片选端,$\overline{CS}$ 为低电平时,X9313 被选中。此时才能接收 $U/\overline{D}$ 和 $\overline{INC}$ 的信号。$\overline{INC}$ 在下降沿使计数器增或减 1(视 $U/\overline{D}$ 电平而定)。如果 $U/\overline{D}=1$,则滑动端向 R_H 方向滑动,R_p 与 R_H 之间的电阻减小一个阶值;反之,如果 $U/\overline{D}=0$,则滑动端向 R_L 方向滑动。

X9313 数字电位器的功能如表 3.5.1 所示。

表 3.5.1 X9313 数字电位器的功能

引　　脚	功　能　描　述
$\overline{CS}$	片选端,使用时需接低电平
$U/\overline{D}$	片选端,使用时需接低电平
$\overline{INC}$	数字脉冲输入端

3. X9313 数字电位器板

X9313 驱动电路包括 NE555P 单脉冲产生电路、高低电平电路和 X9313WP 应用电路。

X9313 数字电位器板如图 3.5.5 所示,电路走线在板的底层,屏蔽电路细节,板上标明各功能端名称。为了适合学生用于模拟电子电路实验需要,将该数字电位器板设计成通用电位器的形式,即常见的 R_H、R_L、R_p 三个端。使用时,加上电源 +5 V,通过单刀开关设定 $U/\overline{D}$ 的 Up 或 Down 状态。整个数字电位器在按键作用下,阻值呈步进递增或递减。与模拟电位器的区别是它是有源的,并且中间抽头滑动方向可自行设定。

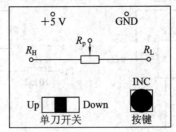

图 3.5.5 X9313 数字电位器板

五、实验设备

(1) DDS 信号发生器：一台。
(2) 双踪示波器：一台。
(3) 直流稳压电源：一台。
(4) X9313 数字电位器板：一块。
(5) 电阻箱：一台。
(6) 台式数字万用表：一台。

六、实验报告要求

(1) 按设计性实验报告要求书写实验报告，给出设计方案及验证方案的可行性，对所设计的电路用 EWB 或 Multisim 仿真。
(2) 测量 X9313 数字电位器板的阻值范围，以及按键步进大小。
(3) 基于 X9313 数字电位器增益可调运算放大器电路（如图 3.5.6 所示），测出其电压增益范围，并进行理论分析比较。
(4) 整理实验数据，用表格形式列出电压增益值，并计算增益步进大小。
(5) 用坐标纸画出波形。

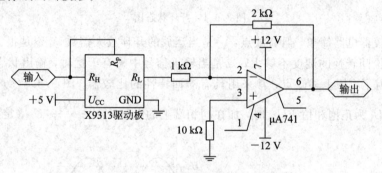

图 3.5.6　X9313 增益可调运算放大器

3.6　电压比较器的设计

一、实验目的

(1) 了解运算放大器在信号处理方面的非线性应用。
(2) 加深理解比较器的工作原理，掌握比较器的特点。
(3) 了解比较器的应用。

二、设计任务

设计一个矩形波发生器。

三、设计要求

（1）占空比可调。

（2）频率为 1000 Hz。

四、设计指导

1. 概述

运算放大器工作在开环状态下便是比较器，如图 3.6.1 所示。运算放大器的同相输入端接输入信号 u_i，反向输入端接参考电压 U_R，当 $u_i > U_R$ 时，$U_o = +U_{om}$，当 $u_i < U_R$ 时，$u_i = -U_{om}$，因此由 U_o 的正负可以判断 u_i 相对于 U_R 的大小。当参考电压 $U_R = 0$ 时为过零比较器，输入信号 u_i 每过零一次，比较器输出端将产生一次电压跳变。

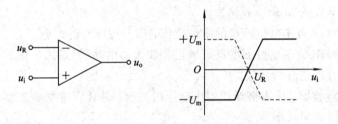

图 3.6.1　开环状态图

过零比较器电路简单，但有缺点：一是当运放的开环放大倍数 A_0 不是很大时，输出电压在高低电位间转换的陡度不够大；二是当输入信号中夹有干扰时，输出状态可能随干扰信号翻转。为了克服上述缺点，常采用具有滞回特性的比较器。图 3.6.2(a) 是典型电路。当输出电压 U_o 为正饱和值 $+U_{om}$ 时，加在同相端上的电压 $u_R = \dfrac{R_2}{R_1 + R_2} U_{om}$（定义为 U_{+H}）。

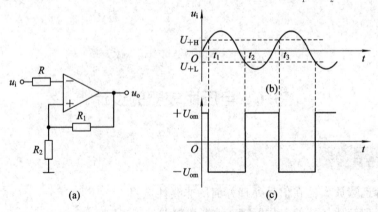

图 3.6.2　过零比较器

当输出电压 u_o 为负饱和值 $-u_{om}$ 时，$u_R = -\dfrac{R_2}{R_1 + R_2} U_{om}$（定义为 U_{+L}）。

U_{+H} 称为上门限电压，U_{+L} 称为下门限电压，$U_{+H} - U_{+L}$ 称为回差。因此 u_R 作为比较电压有两个可能取值 U_{+H} 和 U_{+L}，究竟取哪一个值，取决于输入电压 u_i 的大小和变化方向。下面结合图 3.6.2(b)、(c) 加以说明，图上两条水平虚线是 U_{+H} 和 U_{+L}。假定开始时 u_i 较低,因此 $u_o = U_{om}$,这时 $u_R = U_{+H}$,而且只要 $u_i < U_{+H}$,u_o 便维持 $+U_{om}$ 不变(图上 $0 \sim t_1$ 时间段)。在 t_1 时刻,u_i 开始超过 U_{+H},也就是加在反相端上的电压开始超过同相端电压,因此 u_o 将翻成 $-U_{om}$,发生负向跳变,使 u_R 也发生相应的负向突变(由 U_{+H} 变成 U_{+L})。这一变化加在同相端上会引起正反馈,加速 u_o 的负向翻转速度,使其波形边沿变陡。此后只要 $u_i > U_{+L}$(图上 $t_1 \sim t_2$ 时间段),输出便保持在 $-U_{om}$。在 t_2 时刻,u_i 开始低于 U_{+L}(即反相端电压低于同相端电压),因此 u_o 又将由 $-U_{om}$ 变到 $+u_{om}$,使 u_R 也由 U_{+L} 变到 U_{+H}。这一正反馈过程同样能加速输出的翻转,形成正向跳变。此后只要 $u_i < U_{+H}$(图上 $t_2 \sim t_3$ 时间段)。输出便又维持在 $+u_{om}$。如此周而复始,u_o 便随着 u_i 的变化而产生方波。

2. 比较器的工作特点

(1)在 u_i 增大过程中,$u_R = U_{+H}$。此时的 $u_o \sim u_i$ 关系是图 3.6.3(a)上的实线;在 u_i 减小过程中,$u_R = U_{+L}$。此时的 $u_o \sim u_i$ 关系是图 3.6.3(a)上的虚线。两者结合便是图 3.6.3(b),它显然具有迟滞特性。

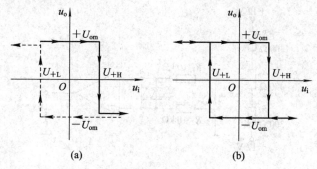

图 3.6.3 迟滞特性

(2)引入正反馈的作用是加速翻转过程,改变输出波形在跳变时的陡度。

(3)回差的存在提高了电路的抗干扰能力。电路一旦翻转,进入某一状态后,u_R 随即自动变化,使 u_i 必须发生较大的反向变化才能翻回原状态。

如果将图 3.6.2(a)中 R_2 不接地而接某一基准电压 U_R,则门限电压为

$$U_{+H} = + \frac{R_2}{R_1 + R_2} U_{om} + \frac{R_1}{R_1 + R_2} U_R$$

$$U_{+L} = - \frac{R_2}{R_1 + R_2} U_{om} + \frac{R_1}{R_1 + R_2} U_R$$

相应的 $u_o \sim u_i$ 关系如图 3.6.4 所示。由上式可知,通过改变 U_R 的大小可控制门限电压的高低。

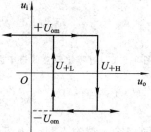

图 3.6.4 回差电压

比较器的用途是很广泛的，可以用来构成非正弦信号产生器，如方波产生器、三角波产生器、施密特触发器等电路。图 3.6.9 为方波产生器，它以比较器为基础，输出端经 R_1 和 R_2 分压引到比较器的同相端，与此同时，输出电压又经 R_f 与电容 C 组成的积分电路，把另一个反馈电压加到反相端。R_1 起限流作用，两个背靠背的稳压管起双向限幅作用。

方波产生器的方波周期设为 T，由理论推导（此处略）可得

$$T = 2R_f C \ln \frac{1+F}{1-F}$$

$$F = \frac{R_2}{R_1 + R_2}$$

由上式可知，改变电路参数，即可改变方波周期。

3. 过零比较器

按图 3.6.5 接线即构成过零比较器电路。

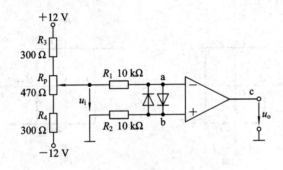

图 3.6.5　过零比较器电路

（1）输入直流信号 $u_i = +0.5$ V 及 $u_i = -0.5$ V，测量反相端 a、同相端 b 及输出端 c 的电位值。

（2）输入 $u_i = 10$ mV、$f = 100$ Hz 的正弦交流电压信号，用示波器观察并记录 $u_i(t)$ 及 $u_o(t)$ 的波形，并用 X - Y 方式观察记录 u_o - u_i 的传输特性曲线。

（3）为了使比较器的输出电压稳定，不随电源电压波动，输出端可以利用稳压管稳定输出电压。电路如图 3.6.6 所示。重复（1）、（2）的实验内容。

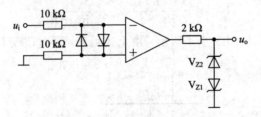

图 3.6.6　过零比较器改进电路

4. 具有滞回特性的比较器

1）反相滞回特性比较器

（1）按电路图 3.6.7 接线。同相输入端输入 $U_R = 0.5$ V 的直流电压信号，反相输入端输入 $f = 100$ Hz 的正弦交流信号，调节 u_i 的大小，用示波器观察输出 u_o 的波形，测量当 u_o

刚出现方波时 u_i 的幅值。增大 u_i 到输出电压 u_o 的波形为对称方波时，测量 u_i 的幅值，用示波器观察并记录 u_i 及 u_o 的波形。再用 X-Y 方式观察并记录 u_o-u_i 的传输特性曲线。测出上门限电压 U_{+H}、下门限电压 U_{+L} 及回差值，并与理论计算值比较。

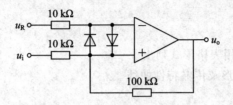

图 3.6.7　反相滞回特性比较器

（2）当输入 $U_R = 1$ V 时，重复上述实验。

2）同相滞回特性比较器

按电路图 3.6.8 接线，重复"反相滞回特性比较器"中（1）、（2）的内容。

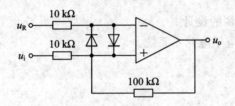

图 3.6.8　同相滞回特性比较器

5. 比较器的应用——方波发生器

按电路图 3.6.9 接线，用示波器观察输出电压 u_o 的波形，调节电位器 R_{f1}，用示波器测量在频率最高和最低两种情况下输出电压 u_o 的周期和幅值。

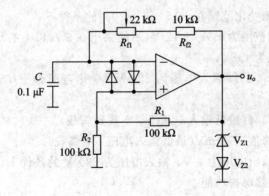

图 3.6.9　方波发生器

五、实验设备

（1）DDS 信号发生器：一台。

（2）示波器：一台。

(3) 数字台式万用表：一台。

(4) 直流稳定电源：一台。

(5) 计算机：一台。

六、报告要求

(1) 整理实验数据，用表格形式列出。

(2) 用坐标纸画出波形及传输特性曲线。

3.7　直流稳定电源的设计

一、实验目的

(1) 掌握直流稳定电源的设计。

(2) 学会安装、调试电子电路小系统。

二、设计任务

设计并制作交流变为直流的稳定电源。

三、设计要求

1. 基本要求

1) 稳压电源

220 V、50 Hz 电源变化范围在 $+15\%\sim-20\%$ 的条件下：

(1) 输出电压可调范围为 $+9\sim+12$ V（不能采用 0.5 A 以上的集成稳压芯片）。

(2) 最大输出电流为 1.5 A。

(3) 电压调整率 $\leqslant 0.2\%$（输入电压为 220 V，变化范围为 $+15\%\sim-20\%$ 的条件下，满载）。

(4) 负载调整率 $\leqslant 1\%$（最低输入电压下，空载到满载）。

(5) 纹波电压（峰峰值）$\leqslant 5$ mV（最低输入电压下，满载）。

(6) 效率 $\geqslant 40\%$（输出电压为 9 V，输入电压为 220 V 的条件下，满载）。

(7) 具有过流及短路保护功能。

(8) 不能采用 0.5 A 以上的集成稳压芯片。

2) 稳流电源

在输入电压为直流 $+12$ V 的条件下：

(1) 输出电流为 $4\sim20$ mA 可调。

(2) 负载调整率 $\leqslant 1\%$（负载调整率指输入电压为 $+12$ V 的条件下，负载电阻在 $200\sim300$ Ω 变化时，输出电流为 20 mA 时的相对变化率）。

3) DC - DC 变换器

在输入电压为 +9~+12 V 的条件下：

(1) 输出电压为 +100 V，输出电流为 10 mA。

(2) 电压调整率≤1‰(输入电压变化范围为 +9~+12 V)。

(3) 负载调整率≤1‰(输入电压为 +12 V 的条件下，空载到满载)。

(4) 纹波电压(峰峰值)≤100 mV(输入电压为 +9 V 的条件下，满载)。

2. 制作要求

(1) 给出设计方案并验证方案的可行性，对所设计的电路用 Multisim 仿真。

(2) 选择合适的器件。

(3) 制作 PCB 板时要求在电路板上腐蚀出学号、姓名，自己焊接、安装、调测。

(4) 电路稳定测完数据后交由老师验收电路板并上交给指导教师。

四、仿真与调试要求

(1) 要求所设计的电路用 Multisim 进行仿真分析。

(2) 电路要进行装配、调试、验收。

(3) 制作并测试。

五、实验设备

(1) DDS 信号发生器：一台。

(2) 示波器：一台。

(3) 直流稳定电源：一台。

(4) 台式数字万用表：一台。

(5) 计算机：一台。

六、实验报告要求

(1) 按设计性实验报告要求书写实验报告，给出设计方案并验证方案的可行性，对所设计的电路用 EWB 或 Multisim 仿真。

(2) 整理所测数据。

(3) 将理论值与实际值比较，分析误差。

3.8 波形发生器的设计

由波形发生电路产生的各种周期性的信号可作为信号源用于自动控制、自动检测、无线通信等系统中。波形发生电路的突出特点是 $u_i = 0$，而 $u_o \neq 0$，即电路中必存在正反馈环节，用于替代 u_i。如果需要产生周期性信号，还必须具有选频网络。

一、实验目的

(1) 掌握正弦波、方波、三角波发生器的设计方法。
(2) 学会安装、调试分立器件与集成电路组成的电子电路小系统。

二、设计任务

设计一个 RC 正弦波振荡器和方波–三角波发生器。

三、设计要求

1. RC 正弦波振荡器

性能指标要求：频率范围为 100 Hz～1 kHz。

输出电压（峰峰值）：$U_o \geqslant 2$ V。

2. 方波–三角波发生器

性能指标要求：频率范围为 100 Hz～1 kHz。

输出电压（峰峰值）：方波 $U_o = 10$ V，三角波 $U_o \geqslant 2$ V。

四、设计指导

1. RC 正弦波振荡器

正弦波振荡电路的方框图形式如图 3.8.1 所示，输出量 $\dot{X}_o = \dot{A}\dot{F}\dot{X}_o$，所以产生正弦波振荡的基本条件为

$$\dot{A}\dot{F} = 1 \tag{3.8.1}$$

也可以表示成

$$|\dot{A}\dot{F}| = 1 \tag{3.8.2}$$

$$\varphi_{AF} = \varphi_A + \varphi_F = 2n\pi \tag{3.8.3}$$

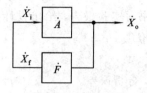

图 3.8.1　正弦波振荡电路方框图

式(3.8.2)称为幅值平衡条件，式(3.8.3)称为相位平衡条件，两者缺一不可。式中，φ_A 和 φ_F 分别是 $\dot{A}$ 和 $\dot{F}$ 的相角。据此可知，基本的振荡电路应当由放大电路、正反馈网络、选频网络和稳幅环节这四部分组成。电路起振时要求 $|\dot{A}\dot{F}| > 1$。

由集成运算放大器构成的 RC 正弦波振荡电路如图 3.8.2 所示。两只电容 C_1、C_2 和两只电阻 R_1、R_2 构成电路的正反馈网络，同时承担着选频的任务。

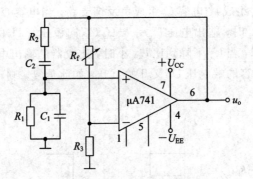

图 3.8.2　RC 正弦波振荡电路

振荡频率为

$$f_0 = \frac{1}{2\pi\sqrt{R_1 R_2 C_1 C_2}} \tag{3.8.4}$$

电路稳幅振荡时正反馈信号 u_+ 达到最大，其反馈系数为

$$\dot{F} = \frac{1}{\dot{A}} = \frac{u_+}{u_o} = \frac{1}{3} \tag{3.8.5}$$

故电路的起振条件为

$$|\dot{A}| = \frac{u_o}{u_+} = 1 + \frac{R_f}{R_3} \geqslant 3 \tag{3.8.6}$$

只要 $R_f \geqslant 2R_3$，即适当减小 R_f，提高负反馈深度，调整输出信号幅度，就可以实现稳定输出信号幅度的目的。通常取 $R_1 = R_2 = R$，$C_1 = C_2 = C$，则振荡频率为

$$f_0 = \frac{1}{2\pi RC} \tag{3.8.7}$$

2. 方波-三角波发生器

图 3.8.3 的第一级为双向限幅的方波发生器，第二级为反相积分器，把输入方波信号转换成三角波。第一级中 R_1、R_2 组成正反馈支路，$F \approx \dfrac{R_2}{R_1 + R_2}$。

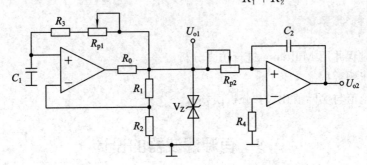

图 3.8.3　方波-三角波发生器

方波频率：

$$f_0 = \frac{1}{T} = \frac{1}{2RC_1 \ln\left(1 + 2\dfrac{R_2}{R_1}\right)} \tag{3.8.8}$$

电阻 R_f（由 R_3 和 R_{p1} 组成）、电容 C_1 组成负反馈支路。当电容 C_1 端电压 U_C（等于运放的反相端电压 U_-）大于 U_+ 时，输出电压 $U_o = -U_Z$（双向稳压管 U_Z 的限幅电压），则电容 C_1 经电阻 R_f 放电，U_C 下降，当 U_C 下降到比 U_+ 小时，比较器的输出电压 $U_o = +U_Z$，电容 C_1 又经过电阻 R_f 充电，电容的端电压 U_C 又开始上升，如此重复，则输出电压 U_o 为周期性方波，如图 3.8.4 所示。

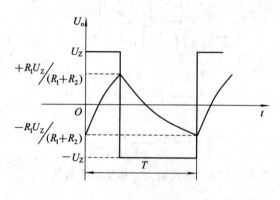

图 3.8.4　输出波形

五、仿真与调试要求

（1）要求所设计的电路用 Multisim 进行仿真分析。
（2）电路要进行装配、调试、验收

六、实验设备

（1）示波器：一台。
（2）数字万用表：一台。
（3）计算机：一台。
（4）直流稳压电源：一台。

七、实验报告要求

（1）设计过程并用 Multisim 进行仿真分析。
（2）整理所测数据。
（3）将理论值与实际值比较，分析误差。

3.9　有源滤波器的设计

一、实验目的

（1）学习用运算放大器、电阻和电容组成有源滤波器。
（2）通过测试熟悉有源滤波器的幅频特性。

二、设计任务

设计一个高通滤波器。

三、设计要求

截止频率 $f_L = 1000$ Hz，$Q = 1.5$，衰减 -40 dB/十倍频程，$R_1 = R_2 = 10$ kΩ。

四、设计指导

1. 有源滤波器的基本性能

滤波器是一种电子电路，它能使某一范围内的频率信号顺利通过，而对在此范围之外的频率信号产生很大衰减。它常用在信息的传递和处理、干扰的抑制等方面。滤波器分为由 R、C、L 等无源元件组成的无源滤波器和由运算放大器及 RC 网络组成的有源滤波器两种。后者具有重量轻、体积小、增益可以调节等优点，因而被广泛采用。

滤波器以其工作的频率范围分为低通滤波器(即低频容易通过而高频不易通过)、高通滤波器(和低通相反)、带通滤波器(能顺利通过某一频率范围的信号，而在此范围之外的将受到很大抑制)和带阻滤波器(与带通相反)。

2. 有源滤波器的工作原理

滤波器大多已定型，并根据其发明者的名字加以命名，其中应用最多的是巴特沃斯(Butterworth)滤波器。这种滤波器的幅频特性为

$$|H(j\omega)| = \frac{1}{\sqrt{1 + (\omega/\omega_C)^m}} \tag{3.9.1}$$

这是低通特性。在 $\omega = 0$ 时，$|H| = 1$，$|H|$ 随 ω 的增高而下降，当下降到 $\omega = \omega_C$ 时，$|H| = 1/\sqrt{2}$。无论 m 取何值，情况都是如此。ω_C 是 3 dB 截止频率，m 是滤波器的阶数。m 越大，在通带内频率特性越近于矩形，而在阻带内特性衰减就越快。

滤波器是线性电路，其网络函数可表示为

$$H(s) = \frac{a_m s_n + \cdots + a_1 s + a_0}{s^n + b_{n-1} s^{n-1} + \cdots + b_1 s + b_0} \tag{3.9.2}$$

根据网络理论，式(3.9.2)可分解为二阶多项式和一阶多项式乘积的形式，在电路上可用级联的方法加以实现。因此，二阶滤波器的设计是设计滤波器的基础。低通、高通、带通和带阻滤波器的二阶网络函数如下：

低通型：

$$H(s) = \frac{H_0 \omega_0^2}{s^2 + \left(\dfrac{\omega_0}{Q}\right)s + \omega_0^2} \tag{3.9.3}$$

高通型：

$$H(s) = \frac{H_0 s^2}{s^2 + \left(\dfrac{\omega_0}{Q}\right)s + \omega_0^2} \tag{3.9.4}$$

带通型：

$$H(s) = \frac{H_0\left(\dfrac{\omega_0}{Q}\right)s}{s^2 + \left(\dfrac{\omega_0}{Q}\right)s + \omega_0^2}$$

(3.9.5)

带阻型：

$$H(s) = \frac{H_0\left(s^2 + \omega_0^2\right)}{s^2 + \left(\dfrac{\omega_0}{Q}\right)s + \omega_0^2}$$

(3.9.6)

式中，ω_0 为特征频率，对于低通和高通滤波器，ω_0 即为截止频率 ω_C，在带通和带阻滤波器中，ω_0 是中心频率；Q 为品质因数，对低通和高通滤波器而言，Q 直接决定其幅频特性的形状，$Q > \dfrac{1}{\sqrt{2}}$ 时，将出现谐振峰，Q 值越大，谐振峰越高，对带通和带阻滤波器而言，Q 值越大，通带越窄；H_0 为通带内的增益。

由于用运算放大器和 RC 网络组成的有源滤波器都有定型电路，在设计滤波器时，只要根据要求选择适当的电路和滤波器的阶数，再由表查出巴特沃斯多项式，其中每一个多项式代表一个有源滤波器。二次多项式代表二阶滤波器，Q 值就是它的一次项系数的倒数。例如，对 $m=4$ 的情况，两个二阶滤波器的 Q 值分别为 $1/0.765=1.307$ 和 $1/1.848=0.541$。有了 ω_C 和 Q 值就可以利用公式计算出电路元件参数。

巴特沃斯多项式如下：

$m=1$：$s+1$

$m=2$：$s^2+\sqrt{2}s+1$

$m=3$：$(s+1)(s^2+s+1)$

$m=4$：$(s^2+0.765s+1)(s^2+1.847s+1)$

$m=5$：$(s+1)(s^2+0.618s+1)(s^2+1.618s+1)$

$m=6$：$(s^2+0.517s+1)(s^2+\sqrt{2}s+1)(s^2+1.931s+1)$

$m=7$：$(s+1)(s^2+0.445s+1)(s^2+1.246s+1)(s^2+1.802s+1)$

$m=8$：$(s^2+0.389s+1)(s^2+1.111s+1)(s^2+1.663s+1)(s^2+1.962s+1)$

1) 低通滤波器

图 3.9.1 为通带增益为 1 的低通滤波器的电路和幅频特性，它的阻带内可提供 $-40\ \text{dB}/$十倍频程的衰减。

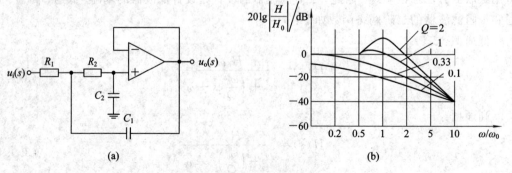

图 3.9.1 二阶低通滤波器及其幅频特性

按图 3.9.2 接线,输入端加入 $u_i = 2$ V,频率为 100 Hz 的正弦信号。从小逐渐加大信号的频率,测量该电源的幅频特性和截止频率 f_0,改变电路参数,使 $R_1 = 6.8$ kΩ,$R_2 = 14$ kΩ,重复测量并与估算的 f_0 相比较,画出特性曲线。

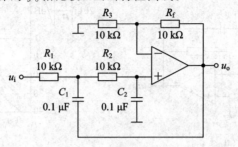

图 3.9.2 低通滤波器

2) 高通滤波器

采用镜像法,只要把二阶低通滤波器电路中的 R 和 C 互换位置,就可得到二阶高通滤波器,其电路和幅频特性如图 3.9.3 所示。

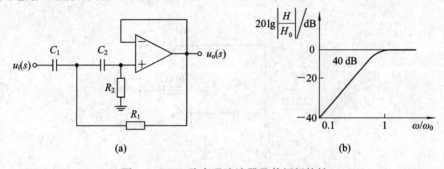

图 3.9.3 二阶高通滤波器及其幅频特性

按图 3.9.4 接线,输入端加入 $u_i = 2$ V,频率为 1000 Hz 的正弦信号。改变信号发生器的频率,测量该电路的幅频特性和截止频率 f_0,改变电路参数,使 $R_1 = 12$ kΩ,$R_2 = 8.2$ kΩ,重复测量,并与估算的 f_0 相比较,画出特性曲线。

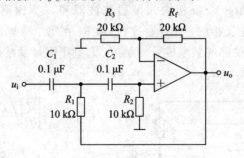

图 3.9.4 高通滤波器

3) 带通滤波器

图 3.9.5 为二阶带通滤波器及其幅频特性,这是一个具有两路负反馈的反相运算放大器电路。

二阶带通滤波器的性能主要取决于带宽 f_{BW}、中心频率 f_0 和品质因数 Q。

三个系数定义为

$$f_{BW} = f_H - f_L, \qquad f_0 = \sqrt{f_H f_L}, \qquad Q = \frac{f_0}{f_{BW}}$$

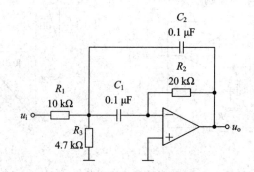

(a)   (b)

图 3.9.5　二阶带通滤波器及其幅频特性

按图 3.9.6 接线，输入端输入 $u_i = 2$ V、频率为 100 Hz 的正弦信号。改变信号源的频率，测量端电路的幅频特性及上限频率 f_H、下限频率 f_L 和中心频率 f_0。

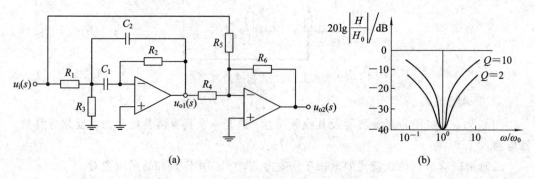

图 3.9.6　带通滤波器

4）带阻滤波器

把带通滤波器的幅频特性倒过来就是带阻滤波器的幅频特性，如图 3.9.7(b) 所示。

这样的幅频特性可由一个反相输入带通滤波器和一个比例加法器串联得到，如图 3.9.7(a) 所示。u_{o1} 与 u_i 是反相的，并且通过 R_4 和 R_5 在第二个运放的输入端相叠加，则输出 u_{o2} 就会把通过第一级的那些频率成分抑制掉，起到了阻带滤波器的作用。要保证按同一比例相加，就应使 $R_4 = R_5 = R_6$。

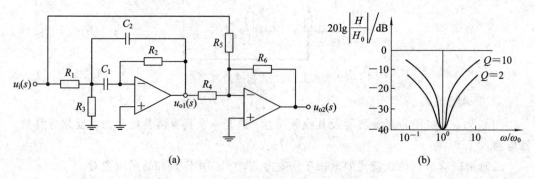

(a)   (b)

图 3.9.7　二阶带阻滤波电路及其幅频特性

五、实验设备

(1) DDS 信号发生器：一台。

(2) 双踪示波器：一台。

(3) 直流稳压电源：一台。

(4) X9313 数字电位器板：一块。

(5) 电阻箱：一台。

(6) 台式数字万用表：一台。

六、实验报告要求

(1) 整理测试数据，用坐标纸绘制特性曲线图（表示频率的横坐标采用对数刻度）。

(2) 画出电路原理图。

(3) 计算有关参数值，选择元器件。

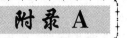

常用电子元器件简介

A.1 半导体三极管

1. 三极管概述

半导体三极管也称为晶体三极管,可以说它是电子电路中最重要的器件。它最主要的功能是电流放大和开关作用。三极管顾名思义具有三个电极。二极管是由一个 PN 结构成的,而三极管由两个 PN 结构成,共用的一个电极称为三极管的基极(用字母 b 表示),其他的两个电极称为集电极(用字母 c 表示)和发射极(用字母 e 表示)。基于不同的组合方式,形成了两种三极管:一种是 NPN 型的三极管,另一种是 PNP 型的三极管。

三极管的种类很多,并且不同型号各有不同的用途。三极管大都是塑料封装或金属封装。常见的三极管中,有一个箭头的电极是发射极,箭头朝外的是 NPN 型三极管,而箭头朝内的是 PNP 型。实际上箭头所指的方向是电流的方向,见图 A.1.1。

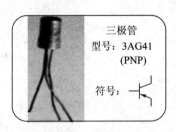

图 A.1.1 三极管

电子制作中常用的三极管有 90×× 系列,包括低频小功率的硅管 9013(NPN)、9012(PNP),低噪声管 9014(NPN),高频小功率管 9018(NPN)等。它们的型号一般都标在塑壳上,而外形都一样,都是 TO-92 标准封装。在老式的电子产品中还能见到 3DG6(低频小功率硅管)、3AX31(低频小功率锗管)等,它们的型号也都印在金属的外壳上。我国生产的晶体管有一套命名规则,下面进行简单介绍。

符号的第一部分"3"表示三极管。符号的第二部分表示器件的材料和结构:A 表示 PNP 型锗材料;B 表示 NPN 型锗材料;C 表示 PNP 型硅材料;D 表示 NPN 型硅材料。符号的第三部分表示功能:U 表示光电管;K 表示开关管;X 表示低频小功率管;G 表示高频小功率管;D 表示低频大功率管;A 表示高频大功率管。另外,3DJ 型为场效应管,BT 打头的表示半导体特殊元件。

三极管最基本的作用是放大,它可以把微弱的电信号变成具有一定强度的信号,当然这种转换仍然遵循能量守恒,它只是把电源的能量转换成信号的能量罢了。三极管有一个重要参数就是电流放大系数 β。当三极管的基极上加一个微小的电流时,在集电极上可以得到一个大小是基极电流的 β 倍的电流,即集电极电流。集电极电流随基极电流的变化而变化,并且基极电流很小的变化可以引起集电极电流很大的变化,这就是三极管的放大作用。三极管还可以用作电子开关,配合其他元件还可以构成振荡器。

2. 三极管的主要参数及极性判别

1) 常用小功率三极管的主要参数

常用小功率三极管的主要参数参见表 A.1.1。常用三极管的外观、型号及符号见图 A.1.2。

表 A.1.1　常用小功率三极管的主要参数

参数型号	P_{CM} /mW	f_1 /MHz	I_{CM} /mA	U_{CED} /V	I_{CBD} /μA	h_{FE} /min	类　型
3DG4A	300	200	30	15	0.1	20	NPN
3DG4B	300	200	30	15	0.1	20	NPN
3DG4C	300	200	30	30	0.1	20	NPN
3DG4D	300	300	30	15	0.1	30	NPN
3DG4E	30	300	30	30	0.1	20	NPN
3DG4F	300	250	30	20	0.1	30	NPN
3DG6	100	250	20	20	0.01	25	NPN
3DG6B	300	200	20	20	0.01	25	NPN
3DG6C	100	250	20	20	0.01	20	NPN
3DG6D	100	300	20	20	0.01	25	NPN
3DG6E	100	250	20	40	0.01	60	NPN
3DG12B	700	200	300	45	1	20	NPN
3DG12C	700	200	300	30	1	30	NPN
3DG12D	700	300	300	30	1	30	NPN
3DG12E	700	300	300	60	1	40	NPN
2SC1815	400	80	150	50	0.1	20~700	NPN
JE9011	400	150	30	30	0.1	27~198	NPN
JE9013	500		625		0.1	64~202	NPN
JE9014	450	150	100	45	0.05	60~1000	NPN
8085	800		800	25	0.1	55	NPN
3CG14	100	200	15	35	0.1	40	PNP

参数型号	P_{CM} /mW	f_1 /MHz	I_{CM} /mA	U_{CED} /V	I_{CBD} /μA	h_{FE} /min	类 型
3CG14B	100	200	20	15	0.1	30	PNP
3CG14C	100	200	15	25	0.1	25	PNP
3CG14D	100	200	15	25	0.1	30	PNP
3CG14E	100	200	20	25	0.1	30	PNP
3CG14F	100	200	20	40	0.1	30	PNP
2SA1015	400	80	150	50	0.1	70~400	PNP
JE9012	600		500	50	0.1	60	PNP
JE9015	450	100	450	45	0.05	60~600	PNP
3AX31A	100	0.5	100	12	12	40	PNP
3AX31B	100	0.5	100	12	12	40	PNP
3AX31C	100	0.5	100	18	12	40	PNP
3AX31D	100		100	12	12	25	PNP
3AX31E	100	0.015	100	24	12	25	PNP

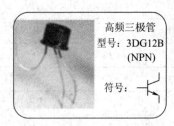
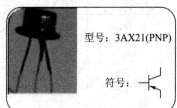
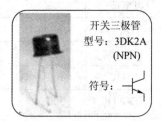

高频三极管 型号：3DG12B (NPN) 符号：

型号：3AX21(PNP) 符号：

开关三极管 型号：3DK2A (NPN) 符号：

图 A.1.2 低频小功率三极管

2）三极管电极和管型的判别

（1）目测法。

一般地，管型是 NPN 还是 PNP 应从管壳上标注的型号来辨别。依照部颁标准，三极管型号的第二位（字母）A、C 表示 PNP 管，B、D 表示 NPN 管。例如：3AX 为 PNP 型低频小功率管，3BX 为 NPN 型低频小功率管，3CG 为 PNP 型高频小功率管，3DG 为 NPN 型高频小功率管，3AD 为 PNP 型低频大功率管，3DD 为 NPN 型低频大功率管，3CA 为 PNP 型高频大功率管，3BX 为 NPN 型高频小功率管。

此外，还有国际流行的 9011~9018 系列高频小功率管。其中，除 9012 和 9015 为 PNP 管外，其余均为 NPN 型管。

常用中小功率三极管有金属圆壳和塑料封装（半柱型）等外型。图 A.1.3 介绍了三种典型的外形和管极排列方式。

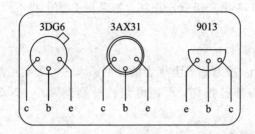

图 A.1.3　常用三极管管极排列

（2）用数字万用表"➤⊢"挡判别。

三极管内部有两个 PN 结，可用万用表电阻挡分辨 e、b、c 三个极。在型号标注模糊的情况下，也可用此法判别管型。

用万用表判断晶体三极管的类型及三个电极的方法如下：

① 颠倒测，找基极。

测试三极管可以用数字万用表的"➤⊢"挡，万用表的读数就是 PN 结的正向压降。假定我们并不知道被测三极管是 NPN 型还是 PNP 型，也分不清各引脚是什么电极。测试的第一步是判断哪个引脚是基极，这时任取两个引脚（如这两个管脚为 1、2），用万用表红黑两支表笔分别颠倒测量，并观察万用表两次的读数。如果 1、2 之间没有读数，说明引脚 3 为基极。如果 1、2 之间有读数，接着取 1、3 两个引脚，分别颠倒测量，观察万用表的读数。如果 1、3 之间也有读数，说明引脚 1 为基极。如果 1、2 之间有读数，1、3 之间没有读数，说明引脚 2 为基极。

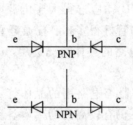

图 A.1.4　三极管结构图

② PN 结，定管型。

找出三极管的基极后，我们就可以根据基极与另外两个电极之间 PN 结的方向来确定管子的导电类型。将万用表的红表笔接触基极，黑表笔接触另外两个电极中的任一电极，若万用表读数在 0.5～0.7 之间，则说明被测三极管为 NPN 型管；若万用表没有读数，则说明被测三极管为 PNP 型。

③ 发射极，读数大。

找出了基极 b，另外两个电极哪个是集电极 c，哪个是发射极 e 呢？这时我们可以根据正向压降的大小来确定集电极 c 和发射极 e。正向压降读数大的那个极为发射极，正向压降读数小的那个极为集电极。

3）判别三极管的好坏

（1）用万用表"➤⊢"挡。

测试时用万用表"➤⊢"挡位分别测试三极管发射结、集电结的正、反偏是否正常，读数正常的三极管是好的，否则三极管已损坏。如果在测量中找不到公共 b 极，则该三极管也为坏管子。

（2）用万用表 h_{FE} 挡。

有的万用表有 h_{FE} 挡，按万用表上规定的极型插入三极管即可测得电流放大系数 β，若 β 很小或为零，表明三极管已损坏，可用电阻挡分别测两个 PN 结，确认是否有击穿或断路。

3. 半导体三极管的选用

选用晶体管一要符合设备及电路的要求，二要符合节约的原则。根据用途的不同，一般应考虑以下几个因素：工作频率、集电极电流、耗散功率、电流放大系数、反向击穿电压、稳定性及饱和压降等。这些因素又具有相互制约的关系，在选管时应抓住主要矛盾，兼顾次要因素。

低频管的特征频率 f_r 一般在 2.5 MHz 以下，而高频管的 f_T 为从几十兆赫到几百兆赫甚至更高。选管时应使 f_T 为工作频率的 3～10 倍。原则上讲，高频管可以代换低频管，但是高频管的功率一般都比较小，动态范围窄，在代换时应注意功率条件。一般希望 β 选大一些，但也不是越大越好。β 太高了容易引起自激振荡，何况一般 β 高的管子工作时大多不稳定，受温度影响大。通常 β 多选在 40～100 之间，但低噪声高 β 值的管子（如 1815、9011～9015 等）其 β 值达数百时温度稳定性仍较好。

另外，对整个电路来说，还应该从各级的配合来选择 β。例如，前级用 β 较高的，后级就可以用 β 较低的管子；反之，前级用 β 较低的，后级就可以用 β 较高的管子。

集电极-发射极反向击穿电压 U_{CEO} 应选得大于电源电压。穿透电流越小，对温度的稳定性越好。普通硅管的稳定性比锗管好得多，但普通硅管的饱和压降较锗管大，在某些电路中会影响电路的性能，应根据电路的具体情况选用，选用晶体管的耗散功率时应根据不同电路的要求留有一定的余量。

对高频放大、中频放大、振荡器等电路用的晶体管，应选用特征频率高、极间电容较小的晶体管，以保证在高频情况下仍有较高的功率增益和稳定性。

A.2 场 效 应 管

场效应晶体管的英文名称为 Field Effect Transistor，缩写为 FET，简称场效应管。各类场效应管根据其沟道所采用的半导体材料，可分为 N 型沟道和 P 型沟道两种。所谓沟道，就是电流通道。

半导体的场效应是指在半导体表面的垂直方向上加一电场时，电子和空穴在表面场的作用下发生运动，半导体表面载流子重新分布，因而半导体表面的导电能力受到电场的作用而改变，即改变为加电压的大小和方向，可以控制半导体表面层中多数载流子的浓度和类型，或控制 PN 结空间电荷区的宽度，这种现象称为半导体的场效应。

场效应管属于电压控制元件，这一点类似于电子管的三极管，但它的构造与工作原理和电子管是截然不同的。与双极型晶体管相比，场效应晶体管具有如下特点：① 输入阻抗高；② 输入功耗小；③ 温度稳定性好；④ 信号放大稳定性好，信号失真小；⑤ 由于不存在杂乱运动的少子扩散引起的散粒噪声，所以噪声低。

根据构造和工艺的不同，场效应管分为结型和绝缘型两大类。

1. 结型场效应管

图 A.2.1 是结型场效应管的结构示意图。

图 A.2.2 是 N 型导电沟道结型场效应管的结构示意图。

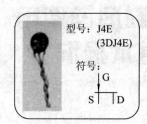

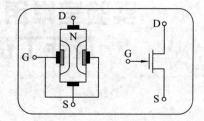

图 A.2.1　N 沟通结型场效应管　　　　　图 A.2.2　N 型导电沟道结型场效应管

在两个高掺杂的 P 区中间，夹着一层低掺杂的 N 区(N 区一般做得很薄)，形成了两个 PN 结。在 N 区的两端各做一个欧姆接触电极，在两个 P 区上也做上欧姆电极，并把这两个 P 区连起来，就构成了一个场效应管。从 N 型区引出的两个电极分别称为源极 S 和漏极 D，从两个 P 区引出的电极称为栅极 G，很薄的 N 区称为导电沟道。

2. 绝缘栅型场效应管

绝缘栅型场效应管又分为增强型和耗尽型两种，我们称在正常情况下导通的为耗尽型场效应管，在正常情况下断开的为增强型效应管。增强型场效应管的特点是：当 $U_{GS} = 0$ 时漏极电流 $I_D = 0$，只有当 U_{GS} 增加到某一个值时才开始导通，有漏极电流产生。开始出现漏极电流时的栅源电压 U_{GS} 称为开启电压。

图 A.2.3 所示为耗尽型绝缘栅场效应管，图 A.2.4 所示为耗尽型 MOS 场效应管。

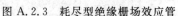

图 A.2.3　耗尽型绝缘栅场效应管　　　　图 A.2.4　耗尽型 MOS 场效应管

耗尽型场效应管的特点是：它可以在正或负的栅源电压(正或负偏压)下工作，而且栅极上基本无栅流(有非常高的输入阻抗)。

结型栅场效应管应用的电路可以使用绝缘栅型场效应管，但绝缘栅型场效管应用的电路不能用结型栅场效应管代替。

附录 B

实验室常用工具和材料的使用
及手工锡焊的基本操作

B.1　实验室常用工具和材料的使用

为了快速而准确地安装调测电子电路，除需要电路的理论知识、实验技能之外，检查实验工具和材料是必不可少的。

1. 主要工具

1）螺丝刀

螺丝刀是用来拆卸和装配螺丝必不可少的工具。常用的螺丝刀有以下几种：扁口螺丝刀、十字头螺丝刀、装表小螺丝刀。

螺丝刀在使用时应注意以下几点：

（1）根据螺丝口的大小选择合适的螺丝刀。螺丝刀口太小会拧毛螺丝口，从而导致螺丝无法拆装。

（2）在拆卸螺丝时，若螺丝很紧，不要硬去拆卸，应先按顺时针方向拧紧该螺丝，以便让该螺丝松动，再逆时针方向拧下螺丝。

（3）将螺丝刀刀口在扬声器背面的磁钢上擦几下，以便刀口带些磁性，这样在装螺丝时能够吸住螺丝。对于专门调整录音机磁头的螺丝刀不要这样处理，否则会使磁头带磁，影响磁头的工作性能。

（4）在装配螺丝时，不要装一个螺丝就拧紧一个螺丝，应在全部螺丝装上后，再把对角方向的螺丝均匀拧紧。

2）电烙铁

电烙铁是用来焊接的。为了获得高质量的焊点，除需要掌握焊接技能、选用合适的助焊剂外，还需要根据焊接对象、环境温度合理选用电烙铁。如果电子电路采用晶体管元器件，则焊接温度不宜太高，否则容易烫坏元器件。一般电烙铁主要选用以下几种：

（1）20 W 内热式电烙铁，主要用来焊接晶体管、集成电路、电阻器和电容器等元器件。内热式电烙铁具有预热时间快、体积小、效率高、重量轻、使用时间长等优点。

（2）60 W 左右电烙铁，可用外热式的，用来焊接一些引脚较粗的元器件，如变压器、插座引脚等。

（3）吸锡器，主要用来拆卸集成电路等多引脚元器件。

（4）做一个电烙铁支架以防电烙铁碰到工作面上。支架最适合于冬季使用，底板要用木质材料，起绝热作用，底板中央开一个凹槽，用于放助焊剂——松香。

（5）买的电烙铁电源引线一般是橡胶材质的线，当电烙铁头碰到引线时会烫坏皮线，为安全起见，应换成防火的花线。在更换电源线之后，还应进行安全检查，主要是引线头不能碰在电烙铁的外壳上。

2. 主要材料

1）焊锡丝

焊锡丝最好使用低熔点的细的焊锡丝，细焊锡丝管内的助焊剂量正好与焊锡使用量一致，而粗焊锡丝焊锡的量较多。在焊接过程中若发现焊点为豆腐渣状态，则很可能是焊锡质量不好，或是焊锡丝的熔点高，或是电烙铁的温度不够，这种焊点是不可靠的。

2）助焊剂

助焊剂用来辅助焊接，可提高焊接的质量和速度。助焊剂是焊接中必不可少的。在焊锡丝的管芯中有助焊剂，当烙铁头去熔解焊锡丝时，管芯内的助焊剂便与熔解的焊锡丝合在一起。在焊接电路板时，只用焊锡丝中的助焊剂一般是不够的，需要有专门的助焊剂。助焊剂主要有以下两种：

（1）成品的助焊剂。成品助焊剂是酸性的，对线路板有一定的腐蚀作用，用量不要太多，焊完焊点后最好擦去多余的助焊剂。

（2）松香。平时常用松香作为助焊剂，松香对线路板没有腐蚀作用，但使用松香的焊点有斑点，不美观，可用酒精棉球擦净。

3. 辅助工具

1）刀片

刀片主要用来切断线路板上的铜箔线路。在电路调试中，常常需要对某个元器件进行脱开电路的检查，此时用刀片切断该元器件相关引脚连线的铜箔，这样省去了拆下该元器件的不便。刀片可以用钢锯条自制，也可以用刮胡刀片等，要求刀刃锋利，切割时就不会损伤线路板上的铜箔线路。

2）镊子

镊子是配合焊接不可缺少的工具。镊子可用来拉引线、送引脚等，以方便焊接。其次，镊子还有散热功能，可减少元器件被烫坏的可能，用镊子夹住元器件引脚，电烙铁焊接时的热量通过金属的镊子传递散热。对镊子的要求是钳口平整，弹性适中。

3）剪刀

剪刀可用来修剪引线等软的材料，例如剥去导线外层的绝缘层。

4）钳子

钳子可用来剪硬的材料和作为紧固的工具。通常需要一把尖嘴钳和一把平口钳，尖嘴钳可以用来安装、加固小的零件，平口钳可以用来剪元器件的引脚，也可以用来拆卸和紧固某些特殊的插脚和螺母。

5）锉刀

锉刀用来锉一些金属制作的零件，或用来锉掉元器件引脚的氧化层、锈迹等。

B.2 手工锡焊的基本操作

1. 焊接操作姿势与卫生

焊剂加热挥发出的化学物质对人体是有害的，如果操作时鼻子距离烙铁头太近，则很容易将有害气体吸入。一般烙铁离开鼻子的距离应不小于 30 cm，通常以 40 cm 为宜。

电烙铁的拿法有三种，如图 B.2.1 所示。反握法动作稳定，长时间操作不宜疲劳，适于大功率烙铁的操作。正握法适于中等功率烙铁或带弯头电烙铁的操作。一般在操作台上焊印制板等焊件时多采用握笔法。

(a) 反握法   (b) 正握法   (c) 握笔法

图 B.2.1　电烙铁的拿法

焊锡丝一般有两种拿法，如图 B.2.2 所示。由于焊丝成分中，铅占一定比例，众所周知，铅是对人体有害的重金属，因此操作时应戴手套或操作后洗手，以避免食入。

(a) 连续锡焊时焊锡丝的拿法　　　(b) 断续锡焊时焊锡丝的拿法

图 B.2.2　焊锡丝的拿法

使用电烙铁要配置烙铁架，一般放置在工作台右前方。电烙铁用后一定要稳妥放于烙铁架上，并注意导线等物不要碰烙铁头。

2. 五步法训练

正确的焊接方法一般是五步法，如图 B.2.3 所示。

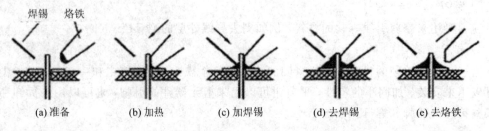

焊锡　烙铁

(a) 准备   (b) 加热   (c) 加焊锡   (d) 去焊锡   (e) 去烙铁

图 B.2.3　五步法

1）准备施焊

准备好焊锡丝和烙铁。此时要特别强调的是烙铁头部要保持干净，方可沾上焊锡（俗称吃锡）。

2）加热焊件

将烙铁接触焊接点，注意首先要保持烙铁加热焊件各部分，例如印制板上的引线和焊盘都要使之受热，其次要注意让烙铁头的扁平部分（较大部分）接触热容量较大的焊件，烙铁头的侧面或边缘部分接触热容量较小的焊件，以保持焊件均匀受热。

3）熔化焊料

当焊件加热到能熔化焊料的温度后将焊丝置于焊点，焊料开始熔化并润湿焊点。

4）移开焊锡

当熔化一定量的焊锡后将焊锡丝移开。

5）移开烙铁

当焊锡完全润湿焊点后移开烙铁，注意移开烙铁的方向应该是大致 45°的方向。

上述过程对一般焊点而言大约两三秒钟。对于热容量较小的焊点，如印制电路板上的小焊盘，有时用三步法概括操作方法，即将上述步骤 2)、3)合为一步，4)、5)合为一步。实际上细微区分还是五步，所以五步法有普遍性，是掌握手工烙铁焊接的基本方法。特别是各步骤之间停留的时间，对保证焊接质量至关重要，只有通过实践才能逐步掌握。

PCB 基础知识

PCB 即 Printed Circuit Board 的简写，中文名称为印制电路板，又称印刷电路板、印刷线路板，是重要的电子部件，是电子元器件的支撑体，是电子元器件电气连接的提供者。由于它是采用电子印刷术制作的，因此被称为印刷电路板。

印制电路板的设计是以电路原理图为根据，实现电路设计者所需要的功能。印刷电路板的设计主要指版图设计，需要考虑外部连接的布局、内部电子元件的优化布局、金属连线和通孔的优化布局、电磁保护、热耗散等因素。优秀的版图设计可以节约生产成本，达到良好的电路性能和散热性能。

根据电路层数，PCB 可分为单面板、双面板和多层板。

设计电路要具备硬功夫，但原理图设计再完美，如果电路板设计不合理，性能将大大降低，严重时甚至不能正常工作。原理图设计是前期准备工作，在画原理图，进行层次设计时要注意各个文件最后要连接为一个整体。

PCB 制板中元件的布局与走线对产品的寿命、稳定性、电磁兼容都有很大的影响，是应该特别注意的。

1. 放置顺序

先放置与结构有关的固定位置的元器件，如电源插座、指示灯、开关、连接件等，这些器件放置好后用软件的 LOCK 功能将其锁定，使之以后不会被误移动；再放置线路上的特殊元件和大的元器件，如发热元件、变压器、IC 等；最后放置小器件。

2. 注意散热

元件布局还要特别注意散热问题。对于大功率电路，应该将那些发热元件如功率管、变压器等尽量靠边分散布局放置，以便于热量散发，不要集中在一个地方，也不要靠电容太近，以免使电解液过早老化。

3. 布线

（1）高频数字电路走线细一些、短一些好。

（2）大电流信号、高电压信号与小信号之间应该注意隔离。隔离距离与要承受的耐压有关，通常情况下在 2 kV 时板上要相距 2 mm。若电压在此之上，则板上距离还要加大。例如，若要承受 3 kV 的耐压测试，则高低压线路之间的距离应在 3.5 mm 以上。许多情况下为避免爬电，还在印制线路板上的高低压之间开槽。

（3）两面板布线时，两面的导线宜相互垂直、斜交或弯曲走线，避免相互平行，以减小寄生耦合。作为电路的输入及输出使用的印制导线应尽量避免相邻平行，在这些导线之间最好加接地线。

（4）走线拐角尽可能大于 90°，杜绝 90°以下的拐角，也尽量少用 90°拐角。

（5）同是地址线或者数据线，走线长度差异不要太大，否则短线部分要人为走弯线作为补偿。

（6）走线尽量走在焊接面，特别是通孔工艺的 PCB。

（7）尽量少用过孔、跳线。

（8）单面板焊盘必须要大，焊盘相连的线一定要粗，能放泪滴就放泪滴，否则对焊接和 RE－WORK 都会有问题。

（9）大面积敷铜要用网格状的，以防止波焊时板子产生气泡和因为热应力作用而弯曲，但在特殊场合下要考虑 GND 的流向、大小，不能简单地用铜箔填充了事，而是需要去走线。

（10）元器件和走线不能太靠边放，一般的单面板多为纸质板，受力后容易断裂，如果在边缘连线或放元器件就会受到影响。

参 考 文 献

[1] 张咏梅, 等. 电子测量与电子电路实验. 北京: 北京邮电出版社, 2005.

[2] 陈大钦. 电子技术基础实验: 电子电路实验·设计·仿真. 2 版. 北京: 高等教育出版社, 2000.

[3] 王小海, 等. 电子技术基础实验教程. 2 版. 北京: 高等教育出版社, 2006.

[4] 熊发明. 新编电子电路与信号课程实验指导. 北京: 国防工业出版社, 2005.

[5] 黄品高, 等. 电路分析基础实验·设计·仿真. 成都: 电子科技大学出版社, 2008.

[6] 康华光. 电子技术基础: 模拟部分. 5 版. 北京: 高等教育出版社, 2005.

[7] 胡奕涛. 电子技术实践教程. 北京: 北京邮电大学出版社, 2007.

[8] 唐赣, 等. Multisim 10 & Ultiboard 10 原理图仿真与 PCB 设计. 北京: 电子工业出版社, 2008.

[9] 王昊. 通用电子元器件的选用与检测. 北京: 电子工业出版社, 2006.

[10] 孙丽霞. 电子技术实践及仿真. 北京: 高等教育出版社, 2005.